KB135621

일반인을 위한

파인만의 QED 강의

"파인만의 강의는 항상 경이롭다.
그의 강의는 매력적인 책으로 출판되어 왔다.
이 책은 파인만의 재치로 발효되고 생명을 얻은 생생한 QED 입문서이다.
오늘날 물리학에 관심을 지닌 사람이라면 누구나 이 책을
사지 않을 수 없을 것이다. 양자론의 깊은 의미를
이해하기 위해서만이 아니라, 현대 역사에 동참하기 위해서!"

— 페드로 월로 〈네이처〉지

"구어체의 명쾌한 4개 장에서…
리처드 파인만은 방정식을 하나도 들먹이지 않고 일반인에게 QED를
설명하고 있다. 그는 더없이 유용하고 강력한 형태의 QED 이론을 만든 사람이다."

— 필립 모리슨, 〈사이언티픽 아메리칸〉지

"QED는 인간 정신에 도전한다.
물리학의 거장이자 최고의 교사인 파인만이 제시한 이 특별한 물리학을 통해
우리는 일상의 온갖 현상에 대한 통찰을 얻을 수 있다."

— 폴 로빈슨, 〈크리스천 사이언스 모니터〉지

세상에 둘도 없는 책!
우리는 일반인을 위한 과학 서적이 없다고 불평할 수 없다.
중요한 과학 분야를 설명하는 좋은 책이 많고, 더러는 매혹적이기까지한
책도 있다. 예를 들어 조지 가모브의 책이 그렇다.
그런데 물리학을 설명해줄 뿐만 아니라, 독자 스스로 새로운 이치를
깨닫도록 도와주는 도구를 손에 쥐어주는 책이 있다.
파인만의 QED가 바로 그것이다.

— 브라질의 독자, 앙리케 플레밍

“리처드 파인만의 알기 쉬운 QED
곧 ‘양자 전기역학’ 은 또다른 〈힘으로의 여행〉이다.
물리학 분야에서 명쾌한 설명의 달인으로 정평이 난 사람이 안내하는 여행!”

— 존 로쉬, 〈타임 리터러리 서플리먼트〉지 읽지 않을 수 없는 책

“노벨물리학상 수상자인 파인만은 독창적이기만 한 것이 아니다.
빛에 관한 양자론의 성립에 결정적인 기여를 한 파인만은,
재치 있고 매력적인 이 책에서 QED 이론을
일반인에게 너무나 쉽게 설명한다.”

— 〈뉴요커〉지

현실이 실제로 어떻게 작용하는지를 알고 싶다면,
그리고 양자역학에 대해 별로 아는 게 없다면,
이 책이야말로 최고의 선택이다. 당신이 관심도 없고 평생 무식하게
살고 싶다면 역병을 피하듯 이 책을 피해가야 할 것이다.

— 미국 독자, 해미드 모아지드

우와! (그러나 한 번 읽고 덮어버려서는 안 된다)
공부도 못하는 고등학생인 나는 이 책을 통해 비로소
“세상이 어떻게 돌아가는지”에 대한 호기심을 충족시킬 수 있었다.
파인만의 책은 불가사의하다-어쩌면 그렇게 짧은 지면으로
그토록 많은 것을 가르쳐줄 수가 있는 것일까? 게다가 어찌나 설명이
명쾌한지 나처럼 멍청한 고등학생까지도 너끈히 이해할수가 있었다
(다만 여러 번 읽은 후에!) 세상 이치를 이해하고 싶은 분이라면
이 책을 읽으라! (그리고 또 읽으라!)

— 미국 독자, 클레이 베이버

QED by Richard P. Feynman

일반인을 위한
파인만의 QED강의

1판 제1쇄 펴냄 | 2001년 7월 10일
1판 제14쇄 펴냄 | 2021년 4월 5일
지은이 | 리처드 파인만
옮긴이 | 박병철
펴낸이 | 황승기
펴낸곳 | 도서출판 승산
등록날짜 | 1998. 4. 2
주소 | 서울특별시 강남구 테헤란로 34길 17. 혜성빌딩 402호
전화 | 02-568-6111
FAX | 02-568-6118
E-Mail | books@seungsan.com

ISBN 978-89-88907-18-4 03420

●잘못 만들어진 책은 친절히 바꿔드리겠습니다.
●값은 표지에 있습니다.
●도서출판 승산은 좋은 책을 만들기 위해 언제나 독자의 소리에 귀를 기울이고 있습니다.

Richard P. Feynman

일반인을 위한

파인만의 QED 강의

리처드 파인만 강의 · 박병철 옮김

승산

Contents

둘째 날 〉〉〉〉 069 | 광자(빛을 구성하는 입자)

넷째 날 ››››

감사의 글

이 책은 내가 양자전기역학에 대하여 UCLA에서 강연했던 내용들을 나의 좋은 친구인 랄프 레이튼 *Ralph Leighton* 이 기록으로 보관하여 출판된 것이다. 실제로 책을 만드는 과정에서 내 강의 내용은 많은 수정을 거쳤다. 물리학의 핵심이라 할 수 있는 이 내용을 여러 청중들 앞에서 강의하고자 했을 때, 레이튼의 풍부한 강의 및 저술 경험은 내게 커다란 도움이 되었다.

과학자가 일반 대중들에게 과학을 설명할 때, 흔히 무언가를 색다른 방식으로 표현하거나 사실에서 크게 벗어난 설명을 하는 일이 종종 있다. 그러나 이런 식의 접근으로는 문제를 조금 단순하게 만드는 결과밖에 얻지 못한다. 지금 우리가 다루고자 하는 주제는 그런 식의 설명을 전혀 허용하지 않으니 오히려 다행이다. 우리는 진실을 왜곡시키지 않는 범위 내에서 가장 명쾌하고 단순한 설명방법을 찾아내는 데 최선의 노력을 기울였다.

리처드 파인만

Richard P.Feynman

서문

리처드 파인만의 물리학적 세계관은 전 세계 물리학계에 전설적으로 정평이 나 있다. 그는 아무리 사소한 일이라도 결코 당연하게 받아들이지 않았으며 항상 사물에 대하여 깊이 생각하였다. 때때로 그는 자연현상을 이해하는 새롭고도 심오한 방법을 발견하여 그것을 매우 우아하고 단순한 언어로써 사람들에게 설명하곤 하였다.

파인만의 열성적인 강의 또한 학생들 사이에 정평이 나 있다. 여러 유명한 학회 및 단체에서 초청강연을 해달라는 수많은 제안들을 모두 거절한 이후에도, 그는 자신의 연구실을 찾아와 지방 고등학교의 물리학 특별 활동반에서 강연해 달라는 어린 학생들의 요청만은 거절하는 법이 없었다.

이 책은 하나의 모험이라 할 수 있다. 여태껏 이러한 내용의 책을 만들려는 시도는 우리가 아는 한 단 한 번도 없었기 때문이다. '양자전기역학(QED)' 이라는 매우 어려운 물리학을 물리학자가 아닌 일반 사람들에게 간단하고 솔직하게 설명하는 것이 이 책의 주된 목적이다. 이 책은 또한 물리학자가 자연의 행동양식을 설명할 때, 그가 머릿속에 갖고 있는 일련의 사고체계를 독자들에게 충분히 전달할 수 있도록 구성되었다.

만일 여러분이 물리학을 공부하고자 원한다면(또는 이미 공부하고 있다면) 이 책의 내용 중 그 어떤 것도 '이해하지 못한 채' 넘어가는 일은 없을 것이다. 파인만은 QED의 기초부터 매우 상세하고 완전하게 설명하였으며, 그 기초에서 시작한다면 아무리 난해한 개념이라도 별 어려움 없이 받아들일 수 있을 것이다. 이미 물리학을 공부하는 사람이라면 자신이 복잡한 계산을 할 때 '진정으로' 무엇을 하고 있었는지, 이 책을 통해 알게 될 것이다.

소년시절에 리처드 파인만은 다음과 같은 글귀에서 영감을 얻어 미적분학을 공부했다고 한다.

"바보가 할 수 있는 일은 다른 사람도 할 수 있다."

그는 이 책을 독자들에게 바치면서 이와 비슷한 말을 하고 있다.

"바보가 이해할 수 있는 일은 다른 사람도 이해할 수 있다!"

1985년 2월 로스앤젤레스에서

랄프 레이튼

추천사

파인만 교수는 20세기 물리학자 가운데 가장 다재다능하기로 유명한 분이다. 그는 봉고드럼을 프로처럼 치고 어떤 금고 열쇠도 열 수 있는 재능을 가졌고 '우주왕복선 챌린저호' 폭발 원인을 전문가가 아니면서도 명료하게 밝혀냈다.

그러나 무엇보다도 어려운 과학을 쉽게 설명하는 특별한 재주를 타고난 파인만 교수는 '양자전기역학(QED)' 이란 어려운 물리학의 핵심을 쉽게 풀어낸 공로를 인정받아 노벨 물리학상을 수상한 분으로 더 유명하다. 20세기 과학은 우리의 사고를 송두리째 바꾸어 버린 두 가지 사고 체계의 변환을 가져왔다. 그 하나는 '아인슈타인' 의 상대성이론이고 또 다른 하나는 '양자론' 이란 이론체계이다. 양자론이란 눈에 보이지 않는 극미의 세계를 파헤치는 이론으로서 우리의 상식과는 퍽 다른 이론체계이다.

예를 들면 우리의 주변에서는 한사람이 '여기' 에 있으면 같은 시간에 '저기' 에 있기란 불가능하다. 그러나 양자론이 지배하는 극미의 세계(예 : 원자의 세계)에서는 '여기' 와 '저기' 가 동시에 존재하는 것이 가능한 세상이다. 이렇게 상식에 어긋나는 '극미의 세계' 를 누구나 알 수 있도록 쉽게 풀이한 이 책은 파인만 교수가 아니면 도저히 쓸 수 없는 책이다. 참을성을 가지고 차분하게 읽어나가면 놀랍고도 신기한 미시의 세계를 보여주고 빛과 전자들이 어떻게 행동하는가를 잘 설명해 줄 것이다.

빛이 한 점에서 다른 점으로 가는데 직진만 하는 것이 아니라 가능한 모든 길을 동시에 지나가고 전자 자체는 희미하게 퍼져있는 안개 같은 존재이나 빛으로 관측할 때는 뚜렷한 점으로 보이는 극미의 세계로 독자들을 안내할 것이다.

이 책이야말로 모든 사람이 꼭 읽어야 할 20세기 교양인의 필독서라고 할 수 있다.

2001년 7월 관악산 기슭에서

김제완

역자서문

20세기에 들어오면서 시작된 과학의 비약적 발전은 실로 놀랍기만 하다. 물리학은 드디어 우주창조의 신비를 벗기기 시작했으며, 생명공학자들은 유전자를 조작하여 신만의 고유한 권능으로 여겨왔던 생명을 인공적으로 합성해냈다. 그리고 컴퓨터 공학자들은 머지않은 장래에 인간의 사유능력을 갖는 생각하는 컴퓨터를 개발해낼 것이며, 심리학자들은 인간의식의 기원을 밝혀내려는 시도까지 하고 있다.

그러나 이러한 비약적인 발전에도 불구하고 우리는 아직도 마음의 안식처를 찾지 못한 채 방황하고 있으며, 그 와중에 인간의 존엄성은 바닥에 떨어지고 말았다. 또한 구세대의 낡은 종교는 우리를 위안하지 못하며 무언가 새로운 것이 필요하다고 많은 사람들이 외쳐대고 있다. 이 모든 것은 과학이 인간의 영혼을 파괴했기 때문이라고 어떤 성직자는 부르짖기도 했다.

과연 그들의 주장은 옳은 것일까. 절대적 객관성만을 추구하면서 누구에게나 동등한 모습으로 다가왔던 과학이 그토록 인간의 영혼을 황폐하게 만들었다는 것이 과연 사실일까. 과학은 그 나름대로의 고유한 방법을 가지고 있다. 그것은 인간의 생존 방법과 아무런 관계가 없으며, 과학은 결코 생명의 존엄함과 영혼의 아름다움을 거부한 적도, 파괴한 적도 없었다. 과학은 거듭되는 진보를 통해 이 우주의 신비를 밝혀냄으로써, 우리로 하여금 경이로운 자연에 눈뜨게 만들었을 뿐이다.

이 책의 저자인 파인만 교수는 이렇게 말한다. “우리는 알면 알수록, 간단한 사실조차도 설명이 불가능해지며, 이 우주는 신비로워진다.” 여러분은 이 책을 읽으면서 이를 피부로 느끼게 될 것이다. 뉴턴의 물리학이 탄생한 이후로 사람들은 모든 자연현상을 눈에 보이는 것만 가지고 설명하려는 버릇이 생겼다. 그리하여 보이지 않는 생명과 영혼의 문제는 과학의 대상에서 제외되었으며, 이로 인해 많은 오해가 빚어졌다. 지난 300여 년 동안 과학자들은 이 우주를 시계 톱니바퀴처럼 작동하는 생명 없는 기계(기계론적 세계관)로 믿기까지도 했다.

그러나 20세기에 들어오면서, 새로운 사상이 꿈틀거리기 시작했다. 상대성이론은 모든 존재가 탄생하고 소멸하는 인과의 무대인 시간과 공간의 개념을 철저히 부수어 버렸다. 또한 양자이론은 보이는 것만으로 모든 것을 설명하려는 우리의 소박한 믿음을 여지없이 무너뜨렸다. 이 세계를 설명하기 위해서 우리는 신의 존재보다도 더 불가사의한 파동함수라는 개념을 도입해야만 했던 것이다. 양자전기역학 ***quantum electrodynamics* (*QED*)** 은 이 두 혁명적인 이론을 토대로 하여 탄생되었다.

그러나 이 두 이론은 서로 친했다기보다는 물과 기름같이 서로를 인정하지 않았기에, 결합하는 데 많은 어려움이 있었다. 하지만 물리학자들이 어떤 사람들인가. 그들은 즉시 물과 기름을 마술처럼 뒤섞어 양자전기역학이라는 새로운 이론을 만들어내는 데에 성공했다.

'양자전기역학' 이라는 단어 자체는 아직 우리에게 생소하다. 하지만 이 이론은 20세기 물리학의 결정체이며, 어떻게 보면 서양의 합리주의 정신이 낳은 최고의 걸작이라고도 할 수 있다. 이 양자전기역학의 세계에서 여러분은 엄청난 당혹감과 함께 자신의 상식이 무너져 내리는 아픔을 맛볼 것이다. 보어 *Bohr* 는 이런 말을 한 적이 있다. "양자이론을 듣고서도 당혹감을 느끼지 않는 사람이야말로 당혹스런 사람이다." 이는 QED를 두고서 한 말이기도 하다.

QED의 세계에서 빛은 직진하지도 않으며, 광속도 c라는 일정한 속도로 움직이지도 않는다. 게다가 반사의 법칙도 굴절의 법칙도 만족하지 않는다. 빛은 무한한 가능성으로 존재하며, 그 모든 것이 뒤죽박죽 엉켜서 거시세계 *macro world* 의 질서정연한 모습을 현현하고 있는 것이다. 이처럼 상식을 뛰어넘는 기이한 세계가 감추어져 있음을 QED는 발견했다. 물리학자들 자신도 놀랄 그런 세계를….

이처럼 눈에 보이지 않는 신비한 것을 통해 이 세계를 이해하려는 시도가 바로 양자전기역학이다. 파인만은 말한다. "눈에 보이는 것만이 실재라면, 물리학은 당장 와해되어 버릴 것이다." 이 말을 듣고 어떤 사람은 아마 QED를 공상 같은 이야기로 받아들일지도 모른다. 그러나 QED는 결코 공상이 아니며, 이 우주의 숨겨진 질서를 밝혀낸 가장 정교한 과학임을 다시 한 번 밝혀두는 바이다.

이 책은 파인만의 오랜 친구였던 머트너 *A. G. Mautner* 여사를 추모하는 의도에서 베풀어진 강연이었다. 네 차례에 걸친 강연에서 그는 물리학을 잘 모르는 일반인들에게, 물리학자조차 다루기 어렵기로 소문난 QED의 세계를 탁월한 언변으로 설명하고 있다. 파인만은 QED의 난제였던 재규격화 문제를 해결한 공로를 인정받아 줄리안 슈윙거 *Julian. S. Schwinger*, 신이치로 도모나가 朝永振一郎와 함께 1965년에 노벨 물리학상을 받았다. 그는 물리학에 탁월한 천재이기도 했지만, 일반인에게 물리학을 쉽게 전달하는 재능 또한 타의 추종을 불허했다. 그의 강의에는 항상 사람들이 구름처럼 몰려들었다. 그는 오직 물리학만을 말하고 있지만, 그의 말속에는 동양의 도사와 같은 신비로움이 은은히 피어 나오고 있다.

이 책은 하나의 모험이다. 지금까지 그 누구도 이런 책을 쓴 적은 없었다. 그 정도로 양자전기역학은 수학의 철옹성에 둘러싸여 상아탑 깊숙이 비장되어 왔던 것이다. 이제 파인만이 이를 자신의 탁월한 언변을 통하여 만천하에 공개하고 있다. 여러분은 이제까지 어떤 교양과학 서적에서도 볼 수 없었던 소중한 것을 이 책에서 배우게 될 것이다. 대부분의 교양과학 서적들은 과학의 언어보다는 난해한 지식의 전달에 중점을 두어왔다. 그러나 그 지식은 끝이 없다. 지금은 새로운 지식이라 해도 세월이 조금만 흐르면 금세 낡은 것이 돼버리기 때문이다. 여러분은 이 책에서 새로운 지식뿐만 아니라, 자연으로 다가가는 과학자의 관찰방법과 사고방식까지도 일목요연하게 배우게 될 것이다. 언어는 우리에게 사색의 자유를 준다. 저 신비로운 자연의 세계로 비상할 자유를….

2001년 1월

박병철

첫째 날

이 우주는 숨은 법칙에 의해 질서를 유지하고 있다.

눈에 보이는 것만이 실재라면, 이 세상은 당장 와해된다.

–리처드 파인만*Richard P. Feynman*

입문

앨릭스 머트너는 물리학에 대단한 호기심을 갖고 있었으며 종종 내게 그에 대한 설명을 듣고 싶어했다. 나는 칼텍(캘리포니아 공과대학)에 있는 학생들에게 매주 목요일마다 강의하던 식으로 그럴듯한 설명을 앨릭스에게 해주고 싶었지만, 가장 흥미 있는 물리학 분야를 설명하려고 했을 때 결국 실패하고 말았다. 앨릭스는 항상 양자역학의 난제들을 집요하게 물어왔고 나는 그것들을 한 시간, 또는 한 나절이라는 짧은 시간 내에 설명할 수 없었던 것이다. 물론 그 설명은 오랜 시간을 필요로 한다. 그래서 나는 그 주제에 대하여 훗날 일련의 강연을 해주겠노라고 앨릭스와 굳게 약속을 했다.

그 후 나는 강연을 준비하였고, 강연 연습을 해보려고 뉴질랜드에 갔다. 왜냐하면 뉴질랜드는 여기서 너무나 멀기 때문에 내가 준비한 강연의 내용이 신통치 않다 해도 별 문제가 없을 것이기 때문이었다. 뉴질랜드 사람들은 나의 강연이 괜찮았다고 생각했으며 따라서 나도 내 강연이 괜찮았다고 생각했다. 적어도 뉴질랜드에서만은. 이리하여 나는 앨릭스를 위해 준비했던 강연을 오늘 비로소 하게 된 것이다. 그러나 유감스럽게도 앨릭스는 이미 나의 강연을 들을 수 없게 되었다.

내가 지금부터 이야기할 내용은 알려지지 않은 물리학이 아니라 '잘 알려진' 물리학 분야에 관한 것이다. 사람들은 항상 여러 개의 이론을 하나로 통합시키는 최근의 물리학을 알고 싶어하며, 우리 물리학자들이 비교적 잘 알고 있는 개개의 이론에 대해서는 설명할 기회조차 주지 않는다. 사람들은 대체로 물리학자들이 모르는 물리학을 알고 싶어하는 것이다.

나는 반쯤 요리된 잡다한 이론들을 늘어놓으면서 여러분을 혼란스럽게 만들고 싶지 않다. 그보다는 이미 완전하게 정립된 물리학 분야에 대하여 설명하고자 한다. 나는 완전한 물리학을 좋아한다. 그것은 너무도 아름답다. 양자전기역학, 또는 간략하게 QED라고 부르는 물리학이 바로 그러한 범주에 속한다.

이 강연의 주된 목적은 빛과 물질의 이상한 세계, 좀더 정확하게 말하자면 빛과 전자가 주고받는 상호작용을 가능한 한 정확하게 서술하는 것이다. 이 문제에 관하여 내가 하고 싶은 말을 다한다면 매우 긴 시간이 소요될 것이다. 그러나 지금 내게 주어진 과제는 단 네 차례의 강연을 통해 QED의 핵심을 여러분에게 전달하는 것이다.

양자전기역학 이전의 물리학

물리학이란 수많은 자연현상들을 몇 개의 이론으로 통합시켜온 인간 역사의 통칭이라고 할 수 있다. 옛날 사람들은 운동이라는 현상과 열이라는 현상을 별개의 것으로 간주했으며 소리와 빛의 현상, 그리고 중력이라는 현상도 전혀 상관없이 일어나는 별개의 자연현상으로 생각했다.

그러나 아이작 뉴턴 경이 운동법칙을 발견한 이후, 상관관계가 전혀 없는 듯이 보였던 여러 개의 현상들이 결국은 같은 근원에서 발생하는 다른 측면이라는 사실을 알게 되었다. 즉, 소리란 공기 중에서 일어나는 원자의 운동이며, 따라서 운동법칙의 범주 안에서 완벽하게 이해할 수 있는 현상이 된 것이다. 열이 발생하는 현상 역시 운동법칙을 이용하여 쉽게 이해할 수 있다.

이러한 방법을 통하여 수많은 물리이론들은 몇 개의 간단한 이론으로 통합될 수 있었다. 그 반면에 중력이론은 기존의 운동법칙으로 설명이 되지 않아서 아직까지 여타의 이론과 분리된 채로 남아 있다. 중력현상만큼은 다른 물리적 현상으로부터 유추해낼 수 있는 방법이 아직 밝혀지지 않은 것이다.

소리와 열을 비롯한 운동현상을 하나로 통합시킨 이후, 전기와 자기에 관련된 수많은 현상들이 발견되었다. 1873년 제임스 맥스웰 *James C. Maxwell* 은 빛이 전자기파라는 사실을 알아냄으로써 광학과 더불어 전기 및 자기현상을 모두 같은 맥락에서 이해할 수 있는 기틀을 마련하였다. 이 시대에 이르러 자연현상은 운동의 법칙, 전자기의 법칙, 그리고 중력의 법칙으로 대변되고 있었다.

1900년 무렵에 물질의 내부구조를 설명하는 하나의 이론이 제기되었다. 그것은 물질 내의 전자이론이라고 불렸는데, 원자의 내부에는 전하를 띤 아주 작은 입자가 존재한다는 것이 이 이론의 주된 내용이었다. 전자이론은 계속 발전하여 마침내 몇 십 개의 전자를 거느리고 있는 무거운 핵에까지 이르게 되었다.

핵의 주변을 돌고 있는 전자의 운동방식을 이해하기 위해, 물리학자들은 뉴턴이 태양계의 운동을 규명할 때 사용했던 운동법칙을 전자에 적용하려고 하였으나 완전히 실패하고 말았다(여러분이 물리학계의 일대 혁명이라고 알고 있는 상대성이론이 정립된 것도 이와 비슷한 시기의 일이다. 그러나 뉴턴의 물리학으로 설명되지 않는 전자의 운동을 상대성이론으로 설명한다 해도, 약간의 보완이 가해질 뿐 만족할 만한 결과를 얻지 못한다).

원자와 같이 미시적 세계에서 일어나는 현상들은 너무나 이상했기 때문에, 뉴턴의 물리학을 대신할 수 있는 다른 이론을 찾기 위해 물리학자들은 많은 시간을 소비해야 했다. 원자 세계를 이해하기 위해서는 자신이 갖고 있던 상식적인 생각들을 모두 떨쳐 버려야만 했던 것이다. 마침내 1926년에 이르러 물질 내부의 전자가 취하고 있는 '전혀 새로운 형태'의 운동을 설명해주는 '비상식적인 이론'이 탄생하게 되었다. 그것은 언뜻 보기에 터무니없는 이론이었지만 사실은 그렇지 않았다. 양자역학이라고 불리는 이론이 바로 그것이었다. '양자 ***quantum***'라는 말 자체가 상식을 거스르는 이상한 자연현상을 지칭하고 있으며, 내가 말하고자 하는 것도 바로 이 이상한 자연현상에 관한 것이다.

양자역학은 산소원자 하나와 수소원자 두 개가 결합했을 때 왜 물이 되는지를 비롯하여 모든 미시적 현상들을 자세하게 설명해 주었다. 즉, 양자역학은 화학보다 깊은 영역의 자연현상을 설명할 수 있었던 것이다. 따라서 물리학은 가장 기본적인 이론 화학이라고 말할 수 있다.

양자전기역학의 등장

양자역학은 모든 화학적 현상과 물질의 다양한 성질을 모두 설명할 수 있었으므로 엄청난 성공을 거둔 셈이다. 그러나 빛과 물질 사이의 상호작용은 여전히 문제점으로 남아 있었다. 즉, 전기와 자기에 관한 맥스웰의 이론도 양자역학이 제시한 새로운 원리에 부합되도록 수정이 가해져야 했던 것이다. 이리하여 빛과 물질의 상호작용을 양자역학적으로 설명하는 이론이 일단의 물리학자들에 의해 1929년 빛을 보게 되었으며, 거기에는 '양자전기역학' 이라는 끔찍한 이름이 붙여졌다.

그러나 양자전기역학도 곧 난관에 봉착하였다. 만일 여러분이 무언가를 대충 계산하여 그럴듯한 답을 얻어냈다고 하자. 그러면 여러분은 이렇게 생각할 것이다. '자세한 계산은 해봐야 알겠지만 지금 계산한 결과와 대충 비슷할 것이다.' 그러나 정작 자세한 계산을 수행했을 때 그 결과는 예상치에서 황당하게 벗어나 버리는 일이 종종 있다. 실제로 양자전기역학에서는 '무한대' 의 차이가 발생하고 말았다!

그런데 지금 내가 개괄적으로 말한 것은 '물리학에 관한 물리학자의 역사'이며 이것은 결코 올바른 역사라고 할 수 없다. 내가 말하고 있는 내용은 어떤 물리학자가 제자에게, 그리고 그 제자가 자신의 제자에게 강의할 때 의례 관습적으로 말하는 일종의 전설과 같은 것이다. 그리고 이것은 실제 물리학의 역사적 흐름과 별 관계가 없다. 사실 나는 물리학의 진정한 역사에 대해 아는 것이 없다.

어쨌거나, 이 역사에 대하여 계속 이야기하자면, 그 후 폴 디랙 ***Paul Dirac*** 이 상대성이론을 이용하여 전자에 대한 상대론적 이론을 만들어냈다. 그러나 그는 전자와 빛이 서로 주고받는 상호작용에 의한 모든 효과를 완벽하게 고려한 것은 아니었다. 디랙은 그의 이론을 통하여 전자가 자기능률 ***magnetic moment*** (작은 자석에 의한 힘과 비슷한 개념)을 갖고 있으며 그 세기는 특정한 단위를 썼을 때 정확하게 1이 되어야 한다고 주장하였다. 그 후 1948년에 행해진 실험 결과 전자의 자기능률은 약 1.00118 ±3이라는 사실이 밝혀졌다.

물론 디랙의 이론은 전자와 빛의 상호작용을 고려하지 않았으므로 실험치와 이론치 사이의 오차는 예견된 것이었다. 그리고 새로 탄생한 양자전기역학적 방법으로 다시 계산하였을 때, 그 결과는 실험치와 정확하게 일치할 것이라고 누구나 믿고 있었다. 그러나 막상 양자전기역학적 방법으로 전자의 자기능률을 계산해보니, 그 결과는 1.00118이 아니라 '무한대'였다. 이것은 분명히 틀린 결과이다. 실험값과 너무나 차이가 난다!

같은 해에 줄리안 슈윙거 ***Julian. S. Schwinger,*** 신이치로 도모나가 朝永振一郎, 그리고 나(*Richard P. Feynman*)는 양자전기역학의 계산법이 갖고 있는 이러한 문제점을 해결하였다. 슈윙거는 새로운 '야바위 노름 *shell-game*'을 사용하여 처음으로 올바른 자기능률 값을 계산해냈다. 그 결과는 1.00116이었는데 이것은 실험치와 매우 비슷한 값이었으므로 우리의 계산법이 옳다는 사실을 입증한 셈이었다. 드디어 우리는 계산 가능한 양자전기(전기와 자기의 양자이론)역학, 더 정확히 표현하면 양자전기동역학을 만들어낸 것이다!

내가 여러분에게 앞으로 설명하게 될 이론이 바로 이것이다.

오늘날 양자전기역학은 50여 년의 세월을 거쳐 오면서 넓은 영역에 걸쳐 그 타당성이 매우 엄밀하게 입증되었다. 이제 이론값과 실험값 사이에는 '심각한 차이가 없다고' 나는 자신 있게 말할 수 있다.

완벽한 양자전기역학

양자전기역학이 자신의 타당성을 입증하기 위해 얼마나 혹독한 테스트를 거쳤는지, 그 한 가지 예를 들어보자. 최근 실시된 실험에 의하면 전자의 자기능률은 약 1.00115965221이고 마지막 자리 오차가 ±4라고 알려졌다. 그리고 이론적으로 계산한 값은 1.00115965246이며 마지막 자리 오차가 ±20이다. 이 두 가지 값들 사이의 오차가 얼마나 작은 것인지를 실감하려면 다음과 같이 생각해보라.

자기능률의 값을 로스앤젤레스에서 뉴욕까지의 거리에 비유한다면, 그 오차는 머리카락 굵기 정도에 해당된다. 지난 50년간 양자전기역학은 이론 및 실험적 계산 결과를 토대로 이 정도의 엄밀한 검증을 거쳐왔다. 지금 예를 든 것은 숫자 하나에 불과하지만, 실제로 양자전기역학은 여러 가지 물리량들을 이 정도로 정확하게 계산해낼 수 있었다. 그 계산은 지구 크기의 백 배가 되는 스케일로부터 원자의 백분의 일만큼 작은 영역에 이르기까지 매우 다양했다. 이쯤 되면 여러분들도 이 이론이 그다지 빗나간 이론은 아니라는 사실을 믿을 수 있을 것이다. 이러한 계산들이 어떤 방법으로 수행되었는지, 지금부터 그 점에 대해 말하고자 한다.

먼저 양자전기역학이 얼마나 많은 자연현상을 설명해낼 수 있는지를 상기해보자. 아니, 거꾸로 말하는 게 더 쉬울 것 같다. 즉, 양자전기역학은 몇 가지를 제외한 모든 자연현상을 설명해주고 있다. 그 몇 가지의 예외란 여러분을 의자에 붙잡아두고 있는 중력현상과(물론 내 생각에는 중력과 연사에 대한 예의가 혼합된 현상이지만) 핵자의 에너지 준위를 변형시키는 방사능 현상이다. 만일 우리가 중력과 방사능(정확하게는 핵물리학)을 제외 한다면, 자동차의 엔진에서 끓고 있는 가솔린, 거품 현상, 소금과 구리의 딱딱한 성질 및 강철의 견고한 구조 등은 이해할 수 있다. 실제로 생물학자들은 생명현상까지도 가능한 한 화학적 원리로써 설명하려고 하는데, 내가 이야기한 대로 화학보다 더욱 근간을 이루는 이론은 양자전기역학인 것이다.

한 가지 분명히 해둘 것이 있다 : 물리적 세계의 모든 현상들이 이 이론으로 설명 가능하다고 할 때, 그것은 바로 '우리는 그 현상을 진정하게 알지 못한다' 는 뜻을 담고 있다. 우리에게 친숙한 대부분의 자연현상은 '끔찍하게' 많은 수의 전자들이 서로 얽혀서 일어나는 현상이며, 우리의 지능은 매우 단순하여 그 복잡한 상황을 따라갈 능력이 없다. 이러한 처지에서 우리가 할 수 있는 일은 그 복잡한 상황을 대충 그려낼 수 있는 이론을 개발하는 것이다.

그러나 실험실에서 기기를 갖추고 '몇 개의' 전자만을 대상으로 '단순한' 상황에서 실험 한다면 우리는 전자와 관련된 계산을 매우 정확하게 얻어낼 수 있다. 이렇게 간단한 상황에서 실험을 했을 때, 양자전기역학은 실험치를 잘 예견하고 있는 것이다.

우리 물리학자들은 이론의 타당성을 항상 점검하고 있다. 이것은 일종의 게임이다. 왜냐하면 이론에 이상이 있는 경우 그것은 정말로 흥미 있는 사건이기 때문이다. 그러나 지금까지 양자전기역학의 이론상 문제점은 발견되지 않았다. 따라서 양자전기역학이야말로 물리학의 보석과도 같은 존재이며 가장 자랑스러운 산물이라고 말하고 싶다.

양자전기역학은 원자핵 속에서 진행되고 있는 핵 현상을 서술하는 새로운 이론적 시도가 나아갈 방향을 제시한다. 물리적 세계를 하나의 연극 무대에 비유한다면, 원자핵의 바깥을 돌고 있는 전자뿐만 아니라 핵 내부에 존재하는 쿼크 ***quark***와 글루온 ***gluon***을 비롯한 십여 종의 소립자들도 모두 무대 위의 배우가 된다. 배우들의 모습은 제각각이지만 그들의 행동에는 어떤 공통점이 있다. 이상하고 기이한 행동양식, 즉 '양자적 행동양식'이 그들의 공통점이다. 핵자들에 관한 이야기는 강연의 마지막 부분에서 다시 하기로 하고, 앞으로 당분간은 간단히 전자와 광자(빛 입자)만을 다루기로 한다. 전자와 광자의

'행동양식' 은 매우 중요하고도 재미있는 현상이기 때문이다.

벌써 지루해진 청중들을 위해

이제 여러분들은 앞으로 내가 무엇에 관한 이야기를 할지 대충 짐작할 수 있을 것이다. 그 다음 질문, 여러분은 과연 내가 말하는 것을 '이해할' 수 있을 것인가? 과학 강연회를 들으러 온 사람이라면, 자신이 강연의 내용을 이해하지 못하리라는 것쯤은 다 알고 왔을 것이다. 연사의 넥타이가 보기 좋은 색깔이라면 그런 대로 위안이 되겠지만 유감스럽게도 나는 오늘 넥타이를 매지 않고 나왔다.

내가 여러분에게 말하게 될 내용은 대학원에서 3~4년 정도 공부한 박사 과정 학생들에게 강의하던 내용과 별로 다를 것이 없다. 이것을 여러분이 이해할 수 있다고 생각하는가? 아니다. 여러분은 결코 이해하지 못할 것이다. 사정이 이러한데, 나는 왜 이해하지 못할 내용을 열심히 설명하려 드는 것인가?

여러분은 또 왜 이해하지 못하는 재미없는 강연을 듣기 위해 장시간 의자에 앉아 있어야 하는가? 내가 해야 할 일이란, 여러분들이 그저 이해하지 못한다는 이유로 강연회장을 빠져나갈 필요가 '없다' 는 사실을 납득시키는 것이다. 학교에서 나의 강의를 듣는 학생들도 이해하지 못한다. 왜냐하면 나 자신도 이해하지 못하기 때문이다. 이해하는 사람은 아무도 없다!

이해에 관하여 몇 가지 말해둘 것이 있다. 강연을 듣는 사람들이 강의 내용을 이해하지 못하는 데에는 여러 가지 이유가 있다. 첫 번째 이유는 연사의 말투가 알아듣기 어려운 경우인데, 이런 연사는 자신이 의도한 대로 설명을 이끌어 나가지 못하고 헤매다가 결국에는 뒤죽박죽이 되어버린다. 이런 강연을 이해할 사람은 아무도 없다. 그러나 이것은 비교적 사소한 문제이다. 나는 앞으로 가능한 한 뉴욕 지방 사투리를 쓰지 않도록 노력할 것이다.

두 번째의 경우는 특히 연사가 물리학자일 때 종종 일어나는데, 일상적으로 쓰여지는 말들을 별스러운 뜻으로 사용함으로써 혼란을 주는 경우이다. '일' 이나 '작용', 또는 '에너지', 심지어는 '빛' 이라는 단어까지도 물리학자는 유별난 뜻의 전문용어로 종종 사용하는 것이다. 따라서 내가 '일' 이라고 말할 때, 그것은 먹고살기 위해 하고 있는 '일' 을 뜻하지 않는다. 나는 앞으로 강연을 하면서 이러한 용어를 아무런 설명도 없이 사용할지도 모른다. 나의 임무는 내가 그런 식의 설명을 하지 않도록 최대한의 자제력을 발휘하는 것이다. 그러나 이것은 쉬운 일이 아니어서 간간이 실수를 범할 수도 있다.

여러분이 강연 내용을 이해하지 못하는 또 하나의 이유는 다음과 같다. 즉, 내가 자연은 '이러이러한' 방식으로 행동한다고 말한다 해도, 여러분은 자연이 '왜' 그러한 방식으로 행동하는지를 알 수는 없다. 그러나 여러분도 잘 알다시피 그 '왜' 를 아는 사람은 아무도 없다. 자연이 왜 그토록 기묘한 방식으로 행동하는지 나로서도 알 길이 없다.

마지막으로 이럴 가능성이 있다. 내가 무언가를 설명했을 때 여러분이 나의 설명을 믿지 않는 경우이다. 일단 받아들일 수 없다고 판단이

내려지면 여러분은 보이지 않는 칸막이를 쳐놓고 더 이상 나의 설명을 듣지 않으려 할 것이다. 나는 여러분들에게 자연의 행동방식을 설명할 것이며, 만일 여러분이 그러한 행동방식을 좋아하지 않는다면 나의 설명을 이해하지 못할 것이다. 싫어하는 마음 자체가 방해 요인으로 작용하기 때문이다. 그러나 이론 자체가 자신의 취향에 맞지 않는 것은 근본적 문제가 될 수 없다는 사실을 물리학자들은 경험을 통해 잘 알고 있다. 중요한 것은 이론이 실험결과를 얼마나 정확하게 예측하는가 하는 것이다. 이론이 어떤 철학사조와 부합된다거나, 또는 이해하기 쉽거나 상식적인 관점에 잘 맞아 들어간다는 것은 별로 중요한 문제가 아니다. 양자전기역학은 상식적인 관점에서 볼 때 터무니없는 방법으로 자연을 서술하고 있다. 그리고 그 결과는 실험치와 정확하게 일치하고 있다. 그러니까 여러분도 자연 자체가 터무니없는 존재라는 사실을 받아들이는 게 좋을 것이다.

나는 여러분에게 이 터무니없는 설명을 하는 것이 즐겁다. 여러분도 '터무니없는 자연을 믿을 수 없다' 하여 귀를 닫아버리는 일이 없기를 바란다. 단지 귀만 열고 앉아 있으면 된다. 이 강연이 끝날 때쯤에는 여러분도 나와 같은 즐거움을 느끼게 될 것이다. 그렇게 될 수 있기를 진정으로 바란다.

어떻게 양자전기역학을 설명할 것인가?

내가 대학원 3학년 이상의 고학년 학생들에게 강의하던 내용들을 어떤 방법으로 여러분에게 전달해야 할 것인가? 이 점에 대해서는 예를 들어 생각해보자. 마야의 인디언들은 새벽과 저녁을 알리는 별인 금성의 출몰에 많은 관심을 가지고 있었는데, 특히 금성이 하늘에 떠오르는 시간을 중요하게 여겼다. 몇 년간 관측을 계속한 결과 그들은 금성 운행의 다섯 주기와 달력상의 8년이 거의 같다는 사실을 알게 되었다(그들은 실제 1년이 정확하게 365일이 아니라는 사실을 알고 있었으며 이를 보정하는 계산도 하였다). 마야인들은 계산을 위해 점과 선으로 이루어진 숫자체계를 만들어 냈으며('0' 도 있었다) 금성의 출몰뿐 아니라 월식과 같은 천체현상을 계산하는 데 필요한 여러 가지 법칙을 알고 있었다.

오늘날에는 마야 인디안들 중 극소수의 사제들만이 이러한 계산을 할 수 있다. 이제 우리가 마야의 사제에게 금성이 하늘에 떠오르는 시간을 계산하는 방법을 물었다고 하자. 그리고 그 계산법은 단순히 뺄셈이었다고 하자. 또한 우리 모두는 아무도 학교 교육을 받지 못해, 뺄셈에 대하여 아무 것도 모른다고 가정해보자. 마야의 사제는 과연 어떤 방법으로 우리에게 뺄셈을 설명할 것인가?

그는 선과 점으로 이루어진 그들의 숫자체계를 우리에게 가르친 후 뺄셈의 법칙을 설명할 수도 있지만, 다음과 같이 실제적으로 설명할 수도 있다. "자, 584에서 236을 뺀다고 합시다. 제일 먼저 할 일은 땅콩 584개를 센 후 그것을 병에 담는 것입니다. 그런 후에 병 속에서 땅콩 236개를 꺼낸 한쪽 구석에 치워 놓습니다. 그리고 마지막으로 병 속에 남아 있는 땅콩의 수를 세는 것입니다. 남은 땅콩의 개수가 바로

584에서 236을 뺀 결과입니다."

여러분은 외칠 것이다. "세상에! 그 많은 땅콩을 세고, 덜고, 또 세고, … 언제 그 짓을 하고 있어요?"

사제가 대답한다. "그렇지요? 그래서 선과 점으로 이루어진 숫자체계가 필요한 것입니다. 숫자의 법칙은 좀 어렵지만 땅콩을 세고 있는 것보다는 훨씬 효율적이지요. 중요한 것은, 두 가지 방법 모두가 올바른 '답'을 줄 수 있다는 사실입니다. 우리는 금성의 출현 시간을 계산하기 위해 땅콩의 개수를 셀 수도 있고(느리지만 이해하기 쉽지요), 또한 난해한 숫자의 법칙을 사용할 수도 있습니다(속도는 훨씬 빠르지만 익숙해지려면 학교에 다녀야 합니다)."

여러분이 뺄셈을 해본 적이 단 한번도 없다 하더라도 그 계산법을 이해하는 것은 그다지 어려운 일이 아니다. 이것이 나의 기본적 입장이다. 나는 앞으로 물리학자들이 자연을 서술할 때 그들이 '하는 일'에 대해 여러분에게 설명할 것이지만 그와 관련된 수학적 기교에 대해서는 전혀 말하지 않을 작정이다. 그러면 여러분은 효율적으로 계산할 수 있을 것이다.

양자전기역학의 새로운 계산법으로 무언가를 계산하여 그럴듯한 결과를 얻기 위해서는 종이 위에 엄청난 화살표를 그려야 한다. 이제 그 이유를 곧 알게 될 것이다. 물리학을 전공하는 학생들이 이 작업을 효율적이고 능숙하게 해내려면, 대학교 4년과 대학원 3년을 다니면서 꼬박 7년을 배워야 한다. 그러나 우리는 이 7년의 기간을 생략하기로 하자. 우리가 정말로 해야 할 일이 무엇인지를 지적함으로써 양자전기역학을 설명한다면, 여러분은 멍청한 대학원생보다 더 깊이 이해할 수도 있으리라 생각한다.

마야의 사제에게 좀더 어려운 질문을 해보자. "왜 금성 운행의 다섯 주기가 2,920일, 즉 8년입니까?" 이 '이유'를 설명할 수 있는 이론은 얼마든지 있다. "20은 우리의 숫자체계에서 매우 중요한 수입니다. 2,920을 20으로 나누면 146이 되는데, 이것은 두 숫자를 각각 제곱하여 더한 숫자($8^2+9^2=145$ 또는 $1^2+12^2=145$)보다 1이 큽니다." 등등…. 그러나 이런 이론들은 금성과 아무런 관계가 없다. 오늘날 우리는 자연이 '왜' 그토록 이상한 방식으로 행동하는지를 놓고 고민할 필요가 없다. 그 이유를 설명해주는 올바른 이론은 이 세상에 없기 때문이다.

지금까지 내가 한 일이란 여러분이 나의 강연에 귀를 기울일 수 있는 분위기를 조성한 것뿐이다. 지금 분위기를 만들어놓지 않으면 더 이상 기회가 없다. 자, 그럼 시작해보자!

빛 : 광자 덩어리

맨 먼저 빛에 대해 생각해보자. 뉴턴도 빛을 열심히 관찰하였다. 그가 빛에 대해 처음 알게 된 사실은 여러 색의 빛이 혼합되어 백색광을 이루는 것이었다. 그는 프리즘을 통해 백색광으로부터 여러 가지 색깔의 빛을 분리해냈다. 그리고 분리된 단색광은 프리즘을 통과해도 더 이상 나누어지지 않았다.

실제로 하나의 단색광은 '편광'에 의해 몇 개로 더 분리될 수 있다.

그러나 이것은 양자전기역학을 이해하는 데 반드시 필요한 개념이 아니기 때문에 그냥 넘어가기로 하겠다. 물론, 편광현상을 모르면 양자전기역학을 완전하게 이해할 수 없지만, 어쨌든 나의 설명을 이해하는 데는 편광이 필요 없다. 가만, 전문용어를 남발하지 않기로 했는데….

내가 말하는 빛이란, 적색에서 파란색에 걸쳐 있는 가시광선(눈에 보이는 빛)만을 뜻하는 게 아니다. 가시광선은 빛의 일부분에 지나지 않는다. 빛과 마찬가지로 소리도 여러 주파수대가 있어서 우리가 들을 수 있는 소리의 주파수는 위아래로 한계가 있다. 빛의 특성을 나타내는 척도로서, 우리는 주파수라는 숫자를 사용한다. 이 숫자가 커짐에 따라 빛은 적색(빨간색)에서 파란색으로, 자색(보라색)으로, 그리고는 자외선(넘보라빛)으로 옮아간다. 자외선은 우리 눈에 보이지 않지만 빛을 감지하는 감광판에 의해 검출된다. 자외선도 분명히 빛이다. 그저 숫자(주파수)만이 다를 뿐이다(이 세상에는 눈에 보이지 않는 실재가 얼마든지 있다. 눈에 보이는 것만이 실재라면, 물리학은 당장 와해된다). 숫자를 계속 변화시키면 빛은 X선, 감마선 등으로 옮겨간다.

숫자를 반대 방향으로 변화시키면, 즉 주파수가 작은 쪽으로 가면 청색에서 적색으로, 그리고 적외선, TV파, 라디오파 등으로 옮겨간다. 이 모든 것들이 다 '빛' 이다. 앞으로는 문제의 단순화를 위해 주로 적색광을 예로 들 것이다. 양자전기역학은 위에서 말한 모든 영역의 빛에 적용되는 이론이며 이 모든 다양한 현상의 배후를 설명해주는 이론이다.

뉴턴은 빛이 입자로 이루어졌다고 생각했으며,-그는 이것을 미립자

*corpuscles*라고 불렀다 −그의 생각은 옳았다(그러나 뉴턴이 그런 결론을 내릴 때 그가 사용한 추론 방법은 잘못된 것이었다). 오늘날 우리 모두는 빛이 입자라는 사실을 알고 있다. 빛을 쪼였을 때 '딱!' 소리를 내는 민감한 기계를 햇빛 아래 설치해두면 그 기계는 계속해서 '딱딱딱…' 소리를 내게 된다. 그런데 무언가로 햇빛을 차단하여 조금 어둡게 만들면 '딱' 소리의 빈도가 줄어들 뿐, 소리 자체의 크기는 변하지 않는다. 즉, 빛은 빗방울과 비슷하다. 하나의 빗방울에 해당하는 빛의 덩어리를 광자라고 부른다. 빛이 한 가지의 색깔만을 가지고 있는 경우는 모든 빗방울의 크기가 똑같은 셈이다.

인간의 눈은 매우 훌륭한 기계이다. 대여섯 개의 광자가 눈에 들어오기만 해도 즉시 시신경은 그 신호를 포착하여 뇌에 전달한다. 만일 우리의 눈이 지금보다 열 배 정도 성능이 우수하다면 우리는 이런 이야기를 할 필요조차 없다. 똑같은 강도를 가지고 간헐적으로 깜빡이는 단색광들을 누구나 보았을 테니 말이다.

광전 증폭기 : 빛의 입자성

단 하나의 광자를 어떻게 감지해낼 수 있는지 여러분은 궁금할 것이다. 이 일을 할 수 있는 기계는 여러 종류가 있는데, 대표적인 것으로 광전증폭기를 들 수 있다. 그 원리를 설명하자면 다음과 같다. 하나의 광자가 제일 밑에 있는 금속판 **A**를 때리면(그림 1 참조) 그 충격으로 인해 금속판 속의 전자 하나가 자신이 속해 있던 원자로부터 풀려나게 된다.

자유를 얻은 전자는 양전하를 띤 금속판 B를 향해 강한 힘으로 끌려가 부딪혀서, 그 속의 전자 3~4개를 자신처럼 자유롭게 만든다. 이 3~4개의 전자는 다시 금속판 C에 부딪히고 그 결과 9~16개의 전자가 자유를 얻는다. 이 과정을 10~12회 반복하면 자유로운 전자는 수십억 개에 달하고 결국 측정 가능한 전류가 되어 마지막 금속판 L을 때린다. 이 전류는 다시 전류증폭기로 증폭되어 스피커를 통해 사람이 들을 수 있는 소리(딱!)를 내는 것이다. 매번 같은 색깔의 광자가 광전증폭기를 때린다면 소리의 크기도 매번 똑같다.

여러 개의 광전증폭기를 여기저기에 설치해놓고 희미한 빛을 여러 방향으로 쪼이면 어떻게 될까? 그 결과는 한마디로 '모 아니면 도'다. 어떤 한 순간에 하나의 광전증폭기에서 '딱!' 하고 소리가 났다면 그 순간 다른 광전증폭기에서는 절대로 소리가 나지 않는다(물론 두 개

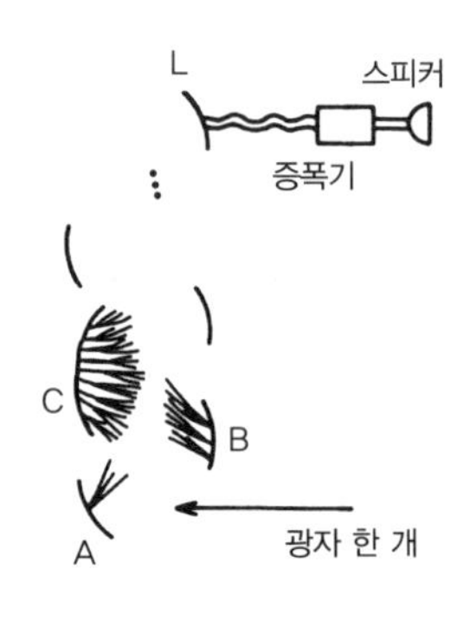

그림 1. 광전증폭기는 광자를 감지해낼 수 있다. 하나의 광자가 A판에 도달하면 그 충격으로 전자 하나가 방출되어 양으로 대전되어 있는 B판으로 끌려간다. 전자가 B에 도달하면 그 충격으로 더욱 많은 전자들이 방출되어 C로 향한다. 이런 과정을 여러 차례 반복하면 수백만 개에 이르는 전자들이 마지막 L판을 때려 전류를 만들어낸다. 이 전류를 증폭하면 연결된 스피커를 통해 '딱!' 소리를 만들어낼 수 있다. 결국 광전증폭기란 하나의 광자가 A판에 도달한 사건을 '딱!' 소리로 바꾸어주는 장치이다.
같은 색의 광자가 차례로 금속판 A를 때린다면 '딱' 소리도 차례로 같은 크기로 들린다.

의 광자가 동시에 광원을 출발했다면 사정은 다르다. 그러나 이런 경우는 일어날 확률이 매우 적으므로 따지지 말기로 하자). 하나의 광자가 두 개로 갈라져서 '반쪽 광자'가 되는 일은 없다.

나는 빛이 입자처럼 행동한다는 점을 여러분에게 강조하는 바이다. 이것을 머릿속에 새겨두기 바란다. 특히 학교에서 '빛은 파동처럼 행동한다'고 배웠던 사람들에게 강조한다. 다시 한 번 말하건대 빛은 정말로 입자처럼 행동하고 있다.

여러분은 이렇게 항의할 수도 있다. '빛이 입자로 보이는 것은 광전증폭기가 그런 식으로 만들어졌기 때문이다.' 하지만 그건 아니다. 희미한 빛까지 감지해낼 수 있는 모든 종류의 기계들은 항상 같은 사실을 입증해 주었다. 즉, 빛은 입자로 이루어졌다는 사실이다.

여러분은 일상생활의 경험을 통하여 빛의 여러 가지 성질에 대해 잘 알고 있을 것이다. 빛은 똑바로 직진하다가 물로 들어갈 때 굴절하며, 거울에 반사될 때에는 입사각과 반사각이 같다. 또한 빛은 여러 개의 색으로 분리될 수 있다. 간혹 진흙탕 길에 고여 있는 기름의 표면에서 우리는 아름다운 색상을 볼 수 있다. 그리고 빛은 렌즈를 통해 한 점으로 집중될 수 있다. 이 모든 빛의 성질들은 이미 여러분에게 친숙한 현상일 것이다. 나는 앞으로 빛의 이상한 성질을 설명하면서 방금 열거한 친숙한 현상들을 예로 들 것이다. 다시 말해서, 양자전기역학의 이론만으로 여러분에게 친숙한 빛의 성질들을 유도해 내고자 한다. 빛이 입자로 이루어졌다는 다소 생소한 빛의 성질을 설명하기 위해 방금 전 나는 광전증폭기를 예로 들었다. 이제 여러분은 빛의 입자설에도 친숙해졌길 바란다!

공기 속을 진행하던 빛이 수면과 만났을 때 빛의 일부만이 반사된다는 사실도 여러분 모두 알고 있을 것이다. 호수에 반사된 달을 묘사한 그림들은 대부분이 아주 로맨틱하다(그리고 호수에 반사된 달빛을 보면 공연히 심란해진다). 대낮에 수면을 위에서 내려다보면 물속의 풍경이 보인다. 그러나 동시에 수면에는 하늘에 떠 있는 구름이 반사되어 보이기도 한다. 이와 비슷한 현상은 창문에서도 볼 수 있다. 대낮에 방 안에 전등을 켜놓고 창문을 통해 바깥을 바라보면 창 밖의 풍경과 방 안의 전등이 동시에 보인다. 즉, 빛은 유리면에 부딪혔을 때 그 일부만이 반사되는 것이다.

여기서 잠시 문제의 단순화를 위해 짚고 넘어가야 할 것이 있다. 빛이 유리면에서 반사되는 것은 사실 엄청나게 복잡한 현상이다. 실제로 조그만 유리조각 속에는 끔찍하게 많은 전자들이 우글거리고 있다. 여기에 광자 하나가 들어오면 그것은 유리표면에 있는 전자뿐만 아니라 유리 속에 있는 전자들과 상호작용을 주고받는다. 광자와 전자가 복잡 미묘한 춤을 추고 그 복잡한 중간 과정을 거쳐 나타나는 결과는 마치 광자가 유리의 표면에서 반사된 것처럼 보이는 것이다. 따라서 나는 당분간 빛이 유리의 '표면에서' 반사된다고 말할 것이다. 그러나 이것은 어디까지 문제를 쉽게 다루기 위한 편법이며, 실제로는 그렇지 않다는 사실을 기억해주기 바란다. 차후에 나는 편법이 아닌 정통적 논리에 입각하여 유리 속에서 실제로 일어나는 현상들을 자세히 설명할 것이다. 물론 결과는 달라질 것이 없다. 그 이유도 나중에 가면 분명해질 것이다.

빛의 신기한 반사현상

이제, 놀라운 실험을 하나 해보자. 그림 2와 같이 광원에서 단색광(적색광선)이 유리쪽으로 방출된다. 유리 위쪽의 A지점에서 유리의 표면에서 반사된 빛을 감지하기 위한 광전증폭기가 설치되어 있다. 그리고 유리의 내부에 위치한 B지점에서 또 하나의 광전증폭기를 설치하여 표면을 투과해 들어온 빛을 감지한다. '유리 안에 무슨 수로 광전증폭기를 설치하지?' 라는 걱정은 접어두기 바란다. 이미 설치되어 있다고 가정하자. 이 실험의 결과는 과연 어떻게 나타날 것인가?

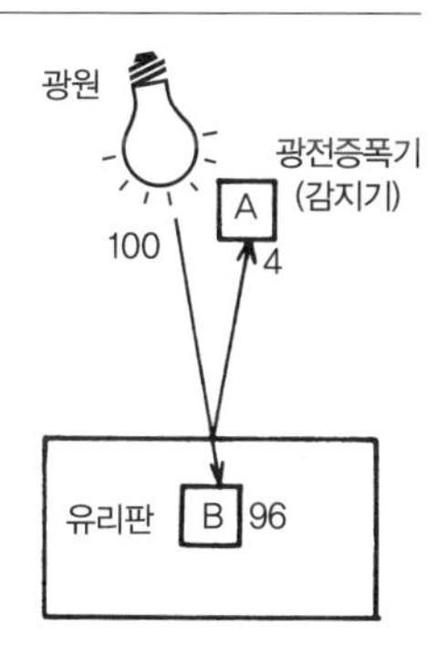

그림 2. 유리판의 한쪽 면에서 일어나는 부분반사를 측정하기 위한 실험 장치. 광원에서 나온 100개의 광자 중에서 4개의 광자가 반사되어 광 전증폭기 A에 도달하고, 나머지 96개는 유리판 속으로 투과되어 광전증폭기 B에 도달한다.

실험 결과, 광원에서 방출되어 곧장 90° 아래 유리판으로 향한 100개의 광자 중에서 평균적으로 4개가 A에 도달하고 96개는 유리표면을 통과하여 B에 도달한다는 사실이 알려졌다. 즉 이 경우의 부분반사란,

4%의 광자만이 반사되고 나머지 96%는 유리를 투과한다는 것을 뜻한다. 자, 이건 정말로 난처한 일이다. 어떻게 입사된 빛의 일부만이 반사된다는 말인가? 개개의 광자는 A로 갈 수도 있고 B로 갈 수도 있다. 광자는 자신의 갈 길을 어떻게 결정하는가? 광자가 "그래, 나는 A로 가야해!"하면서 결심이라도 한단 말인가?(청중들 웃음) 농담 같은 이야기이지만 그렇다고 무작정 웃고 있을 수만은 없다. 우리는 그것을 이론적으로 설명해야만 한다! 부분반사는 예로부터 매우 기이한 현상으로 취급되어 왔으며 뉴턴도 이 문제 때문에 많은 고민을 하였다.

유리표면에서의 부분반사를 설명할 수 있는 이론은 몇 가지가 있을 수 있다. 그 중 한 가지 이론을 들어보자. 유리표면의 96%는 광자가 통과할 수 있는 '구멍'이 뚫려 있고 나머지 4%는 광자를 퉁겨내는 일종의 작은 '반점'으로 덮여 있다는 이론이 그것이다(그림 3 참조). 그러나 뉴턴은 이런 식으로는 부분반사를 설명할 수 없다는 사실을 알고 있었다.* 잠시 후 우리는 부분반사에 관계된 또 하나의 이상한 현상을 다루게 될 것인데, 그 현상은 '구멍-반점'의 이론이나 그밖의 다른 그럴듯한 이론을 계속 고집하는 사람들의 머리를 뒤죽박죽으로 만

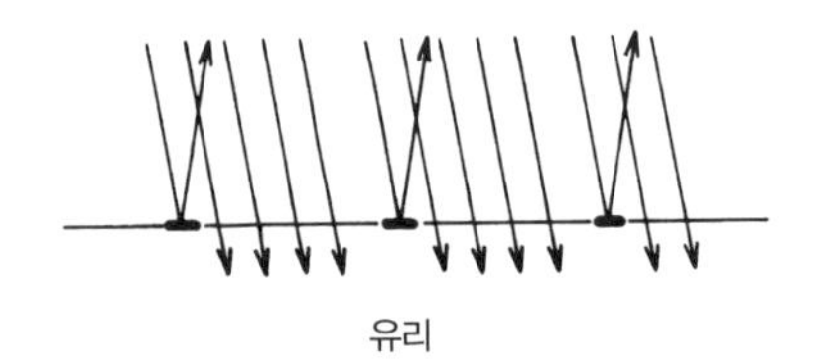

그림 3. 유리표면에서 일어나는 부분반사현상을 설명하는 이론. 유리의 표면에는 간간이 빛을 반사하는 반점이 있어, 이 반점을 향해 입사된 빛은 반사되고 나머지는 유리를 투과한다.

들어놓을 것이다.

또 하나의 가능한 이론은 광자 내부에 미묘한 역학적 장치가 설치되어 있다는 가설이다. 즉, 광자의 내부에는 '바퀴'와 '기어' 같은 장치가 있어서 우측으로 겨냥된 광자는 유리를 투과하고 그 외의 광자들만을 반사한다는 이론이다. 이 이론은 간단한 실험을 통하여 그 신빙성을 입증할 수 있다.

광원과 유리면 사이에 몇 개의 유리판을 더 설치해두면 이 유리판들이 일종의 필터 역할을 하여 오른쪽으로 겨냥된 광자들만을 걸러낼 수 있다. 그렇다면 여과된 광자들은 문제의 유리표면에서 하나도 반사되지 않고 모두 유리 속으로 통과해야 한다. 그러나 실제로 실험을 해보면 여러 개의 중간 유리판을 거치면서 걸러진 광자들 중 여전히 4%가 반사하고 있다는 사실을 알게 된다. 따라서 이 이론도 부분반사 현상을 설명하지 못한다.

광자가 어떻게 자신의 갈 길을 결정하는지, 이를 설명해주는 그럴듯한 이론을 찾으면 찾을수록 하나의 광자가 유리를 투과할 것인지, 아

* *뉴턴은 그것을 어떻게 알 수 있었을까? 그는 실로 위대한 물리학자였다. 그는 다음과 같이 이유를 설명하였다. '왜냐하면 어떤 유리라도 깨끗하게 닦아낼 수 있기 때문이다.' 유리를 닦는 것과 구멍-반점 이론이 무슨 관계가 있다는 말인가? 뉴턴은 스스로 렌즈와 거울을 닦아내면서 그가 실제로 어떤 일을 하고 있는지를 알아냈다. 유리를 닦는다는 것은 유리표면에 분포되어 있는 미세한 가루들을 문질러서 유리면을 긁어내는 행위였던 것이다. 이렇게 해서 생긴 유리면의 흠집이 세밀해질수록 유리를 통해 보이는 영상은 깨끗해진다(빛은 매우 세밀한 흠집은 통과하지만 커다란 흠집에 부딪히면 산란되기 때문이다). 따라서 구멍-반점과 같은 세밀한 흠집 때문에 빛이 영향을 받는다는 가설은 잘못된 것이라고 생각했다. 오히려 뉴턴은 이러한 논리로서 구멍-반점과 같은 세밀한 흠집이 빛의 경로에 영향을 줄 수 없다는 결론을 내렸다.*

니면 반사될 것인지를 예측하는 것은 더욱 어려워진다. 동일한 상황에서 항상 같은 결과를 얻을 수 없다면 무언가를 예측하는 일은 불가능하며 과학 자체도 의미를 가질 수 없다고 철학자들은 말해왔다. 지금 개개의 광자는 분명히 동일한 상황에 있다. 모든 광자는 예외 없이 광원을 출발하여 모두 동일한 방향으로 진행한다. 그리고 모두 하나의 유리표면에 도달한다. 주어진 조건은 항상 똑같은데, 96%는 투과하고 4%는 반사되는 것이다. 우리는 개개의 광자가 A로 갈지, 혹은 B로 갈 것인지를 예측할 수 없다. 우리가 예측할 수 있는 일이란 100개의 광자를 유리면에 쏘았을 때 평균적으로 4개의 광자가 반사된다는 통계적 수치뿐이다.

이것은 진정 물리학의 한계를 뜻하는 것인가? 엄밀하고 정교한 과학이라고 정평이 나 있는 물리학이 아무것도 정확히 예측하지 못하고 단지 '확률'만을 계산하는 신세로 전락한 것인가? 그렇다. 물리학은 그 점에 있어서 일보 후퇴할 수밖에 없다. 그러나 그것은 자연의 법칙이었다. 자연은 우리에게 오직 확률적 계산만을 허락하므로 과학은 와해되지 않는다.

더욱 신기한 양면 반사현상

유리의 한쪽 표면에서 일어나는 부분반사는 지금까지 말한 대로 신기하고 이해하기 어려운 문제이다. 하지만 두 개 또는 그 이상의 유리표면에서 일어나는 부분반사는 더욱 신기하여, 우리를 아예 바보로 만들어 버린다. 그 이유를 지금부터 설명하겠다. 실험을 한 가지 더 해보자. 이번에는 두 표면에서 일어나는 부분반사를 측정한다. 양쪽 면이 서로 정확하게 평행한 얇은 유리판을 적당한 위치에 고정하고 그 밑에 또 하나의 광전증폭기를 설치해둔다. 광원에서 방출된 광자는 유리의 윗면에서만 반사되는 게 아니라, 아랫면에서 반사될 수도 있다. 반사된 광자는 모두 A에 설치된 광전증폭기에 검출되고, 유리를 투과한 광자들은 B에 검출된다(그림 4 참조). 이미 앞에서 말했던 바와 같이 유리의 윗면에서 4%가 반사되고, 아랫면에서는 위에서 이미 투과된 96%의 4%가 반사될 것이므로 결국 A에 있는 광전증폭기에는 약 8%의 광자가 검출될 것이다. 즉, 광원에서 100개의 광자가 방출되었다면 그 중 대략 8개가 A에 도달한다는 이야기다.

그러나 실제로 엄밀한 실험을 해보면 그렇지가 않다. 100개 중 8개가 A에 도달하는 경우는 극히 드물다. 어떤 유리는 100개의 광자 중 15~16개를 A로 반사시키는데 이건 우리가 예측한 결과보다 두배나 된다! 또 어떤 유리는 단지 1~2개의 광자만을 A로 반사하기도 하는

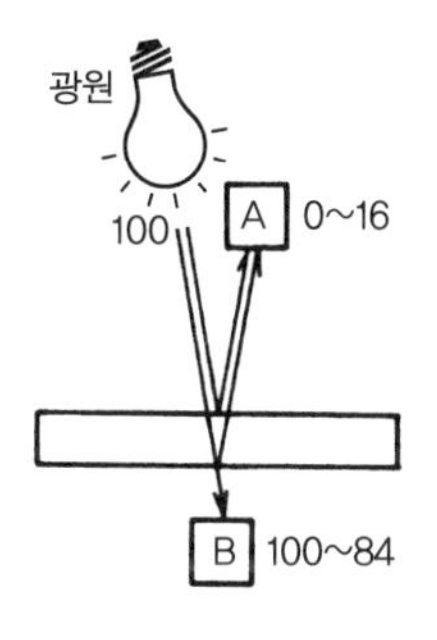

그림 4. 유리의 양면에서 일어나는 부분반사를 측정하는 실험. 광자는 유리의 윗면에서 반사될 수도 있고 아랫면에서 반사될 수도 있다. 또는 유리를 완전히 투과하여 광전증폭기 B에 도달할 수도 있다. 광원을 출발한 100개의 광자들 중에서 반사되는 광자의 수는 유리의 두께에 따라 0~16개의 가변적인 값이 된다. 이 결과를 이론적으로 설명하는 데에는 많은 어려움이 있다. 유리의 두께를 변화시키면 반사되는 광자의 수는 더욱 많아질 수도 있고, 반대로 줄어들 수도 있다.

것이다. 그리고 어떤 경우는 10개, 심지어는 A에 도달하는 광자가 하나도 없는 경우까지 있다! 이 황당한 사건을 어떻게 설명해야 하는가? 여러 종류의 유리판을 놓고 엄밀하게 검증을 해본 결과, 반사되는 광자의 양은 바로 유리판의 두께에 따라 달라진다는 사실이 알려졌다.

유리의 윗면과 아랫면에 의해 반사되는 광자의 양이 유리판의 두께에 따라 달라지는 현상을 이해하기 위해 몇 가지 실험을 더 해보자. 우선 우리가 만들 수 있는 가장 얇은 유리판에 100개의 광자를 쏘아 A에 있는 광전증폭기로 반사되어 온 광자의 수를 센다. 그리고 유리판을 조금 두꺼운 것으로 바꿔서 같은 실험을 한다. 매번 유리판의 두께를 조금씩 키워가면서 반복 실험을 했을 때, 그 결과는 어떻게 나타날 것인가?

가장 얇은 유리판의 경우에는 하나도 반사되지 않거나 가끔씩 한 개의 광자만이 반사된다. 유리판을 조금 두꺼운 것으로 바꾸면 반사되는 광자의 양이 거의 8%로 증가한다. 계속해서 유리판의 두께를 증가해가면 반사되는 양도 같이 증가하여 최고 16%까지 반사하게 된다. 유리판의 두께를 계속 증가하면 반사되는 광자의 수는 오히려 줄어들기 시작하여 다시 8%를 거쳐 0%까지 이른다. 즉 유리판의 두께가 어떤 적절한 값과 딱 맞으면 전혀 반사되지 않는 것이다.(반점이론으로 이것을 설명할 수 있을까?)

여기서 유리판의 두께를 계속 키워나가면 반사되는 광자의 양은 다시 증가하여 16%까지 이른 후에 다시 줄어든다. 즉, 반사된 광자의 양은 다시 증가하여 유리판의 두께가 증가함에 따라 0%에서 16% 사이

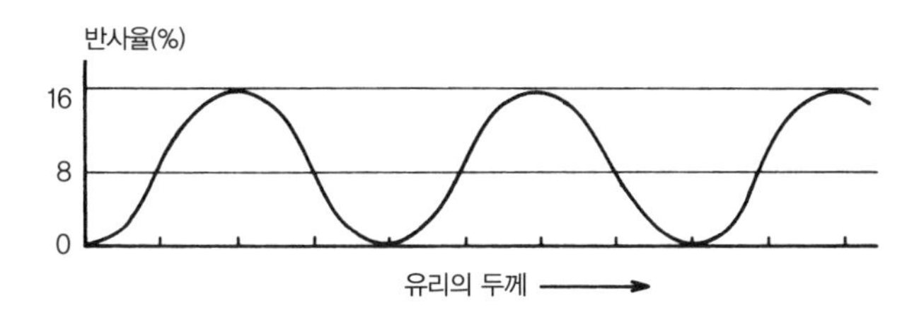

그림 5. 유리판 양면에서의 부분반사와 유리의 두께 사이의 관계를 주의 깊게 조사해보면 일종의 간섭현상이 일어나고 있음을 알게 된다. 유리판의 두께가 두꺼워짐에 따라 부분반사율은 0%에서 16% 사이를 주기적으로 왕복한다.

에서 주기적으로 변하는 것이다(그림 5 참조). 뉴턴은 이 주기적 변화를 증명해주는 실험을 하였으나, 그의 실험은 반사량의 변화 주기가 34,000회 이상 반복되는 경우에만 타당성을 가질 수 있었다. 오늘날에는 순수한 단색광을 만들어내는 레이저를 이용하여 정밀한 실험을 할 수 있으며 그 결과 이러한 반사율의 변화 주기는 1억 회 이상 반복된다는 사실을 알아냈는데, 이 정도로 주기가 반복되려면 유리의 두께가 50m 이상은 되어야 한다. 광원은 보통 단색광이기 때문에 일상생활에서는 이 현상을 볼 수 없다.

따라서 8%가 반사될 것이라는 당초 우리의 예상은 전체적인 평균치로 보면 맞는다고 할 수 있지만 사실은 한 주기에 두 번밖에 맞지 않는다(죽은 시계가 하루에 두 번씩 정확하게 맞는 것처럼). 이처럼 유리판에서 반사되는 광자의 양이 유리판의 두께에 따라 달라지는 기이한 부분반사현상을 과연 어떻게 설명해야 하는가? 그리고 유리의 아래쪽 면에서 반사가 일어나지 않도록 어떻게든 가려놓았을 때, 위쪽 면에서만 반사되는 양은 왜 유리판의 두께와 관계없이 항상 4%인가? 유리판 아랫면의 위치, 즉 유리의 두께를 약간 변화시키면 우리는 반사되는 광자의 양을 16%까지 증폭할 수 있다! 광자를 반사하는 윗면의 능력을 아랫면이 조절이라도 한다는 말인가? 제 3의 면을 유리판 속에 끼워 넣는다면 어떻게 될 것인가?

제 3의 면, 또는 여러 개의 면을 끼워 넣으면 부분반사되는 광자의 양은 달라진다. 이 경우 하나의 광자는 맨 위쪽 표면에서 반사할 것인지, 아닌지를 결정하기 위해 여러 개의 면을 차례로 검색하고 있는 것일까?

*1 *뉴턴이 빛을 미립자로 보았다는 것은 매우 다행스러운 일이다. 왜냐하면 뉴턴 같은 천재적인 사람이 2개 이상의 유리면에서 부분반사현상을 설명해보려고 어떤 행동을 했는지 살펴볼 수 있기 때문이다. (그가 만일 빛을 파동으로 간주했다면 유리판의 양면에서 일어나는 부분반사현상을 두고 고민할 필요가 전혀 없었을 것이다.) 뉴턴은 다음과 같이 설명하였다. "빛은 유리판의 한쪽 면(윗면)에서 반사되는 것처럼 보이지만, 사실은 그렇지 않다. 만일 빛이 윗면에서만 반사된다면, 반사가 전혀 일어나지 않는 두께일 경우를 설명할 방법이 없다. 그렇다면 빛이 반사될 수 있는 곳은 유리판의 아랫면이다." 유리판의 두께에 따라 반사율이 달라지는 현상에 대하여 뉴턴은 다음과 같은 아이디어를 제시하였다. "유리의 윗면에 도달한 빛은 일종의 파동이나 장을 자신의 주변에 형성시켜, 아랫면에서 반사할 것인지 아니면 투과할 것인지를 그들로부터 미루어 결정한다. 그 결과는 유리의 두께가 증가함에 따라 주기적으로 변한다."*
뉴턴의 이러한 생각에는 두 가지의 문제점이 있다. 첫째로 그것은 다른 유리판이 첨가된 경우를 설명하지 못하며, 둘째로는 아랫면이 아예 없는 연못의 수면에서도 여전히 빛은 반사한다는 점이다. 따라서 빛은 유리판의 윗면에서 반사되어야만 한다. 뉴턴은 '반사할 면이 하나밖에 없는' 경우에는 앞서 말한 파동, 또는 장의 영향을 받아 반사된다고 설명하였다. 반사할 면이 몇 개인지를 빛이 미리 알아낼 수 있는 이론을 만드는 것이 과연 가능한 일인가?
뉴턴도 자신의 이론이 그다지 만족스럽지 못하다는 것을 잘 알고 있었을 것이다. 그러나 그는 난처한 부분을 강조하지 않았다. 뉴턴 시대의 과학자들은 흔히 이론의 문제점들을 슬며시 덮어두곤 했는데, 이것은 오늘날의 물리학 풍토와 크게 대조를 이루고 있다. 오늘날의 과학자들은 이론이 실험 결과와 들어맞지 않는 부분이 있으면 그것을 매우 강조하여 백일하에 공개한다. 나는 지금 뉴턴을 비난하는 것이 아니라, 오늘날의 과학자들 사이에 이루어지고 있는 의사소통 방식의 한 부분을 설명한 것뿐이다.

뉴턴은 이 문제에 관하여 기발한 이론을 만들어냈다.*[1] 그러나 결국 그 이론도 만족할 만한 설명을 해주지 못한다는 사실을 뉴턴 스스로 인정하였다.

뉴턴 이후로 오랜 세월이 흐른 뒤에, 유리의 윗면과 아랫면에서 일어나는 부분반사현상은 빛의 파동이론을 통해 성공적으로 규명되었다.*[2] 그러나 파동이론도 매우 약한 광원을 사용한 실험 결과를 설명하지는 못했다. 즉, 빛이 아무리 흐려져도 광전증폭기의 '딱!' 소리는 결코 작아지지 않았으며, 단지 딱딱거리는 빈도수가 줄어들 뿐이었다. 다시 말해서 빛은 파동이 아니라 입자였던 것이다.

만능 해결사 : 화살표 물리학

오늘날까지도 유리판에서 일어나는 부분반사현상을 설명하는 그럴듯한 이론이 나오지 않았다. 우리가 할 수 있는 일이란 하나의 광자가 유리판에서 반사되어 광전증폭기를 때릴 확률을 계산하는 것뿐이다. 이 계산은 양자전기역학적 이론에 입각하여 할 수 있는데, 나는 이것을

*2 *파동이론을 도입하면 파동의 간섭현상을 이용하여 부분반사를 설명할 수 있으며, 계산 결과도 실험치와 잘 일치한다. 그러나 아주 희미한 빛(단 하나의 광자)으로 실험을 했다면 당장 문제가 발생한다. 파동이론에 의하면 빛이 희미해질수록 광전증폭기에서는 작은 소리가 나야 하는데, 실제로는 소리 나는 시간 간격이 길어질 뿐, 결코 소리 자체는 작아지지 않기 때문이다. 이 현상을 설명할 수 있는 그럴 듯한 이론은 오랜 세월 동안 나타나지 않았다. '파동-입자의 이중성' 이라는 빛의 성질은 흔히 우리를 혼동시킨다. 어떤 물리학자는 이를 가리켜 '빛은 월, 수, 금요일에는 파동이고 화, 목, 토요일에는 입자이다 그리고 일요일에 우리는 그것을 이해하게 해달라고 기도한다.' 라고 장난기 어린 표현을 했다. 이 난제가 어떻게 해결되었는지를 설명하는 것이 본 강연의 주된 목적이다.*

본 강연의 첫 번째 예제로 선택하였다. 물리학자들이 올바른 해답을 얻기 위하여 '땅콩을 어떻게 세는지' 지금부터 그 방법을 설명하고자 한다. 나는 광자 자신이 반사될 것인지, 아니면 유리 속으로 투과할 것인지를 결심하는 과정에 대해 설명하려는 것이 아니다. 그 점에 대해서는 알려진 것이 하나도 없다(아마도 이런 질문은 아예 의미가 없는 것인지도 모른다). 내가 설명하려는 것은 특정한 두께를 가진 유리판에 광자가 입사되었을 때 그것이 반사될 '확률'을 계산하는 방법이다. 왜냐하면 이것이야말로 물리학자가 할 수 있는 유일한 일이기 때문이다! 앞으로 우리가 하게 될 계산은 양자전기역학을 이용한 다른 계산에서도 비슷한 방법으로 적용될 수 있다.

지금부터 여러분은 마음의 준비를 단단히 해두어야 할 것이다. 물론 계산법이 어려워서가 아니다. 계산법이 너무도 엉뚱하기 때문이다. 여러분이 해야 할 일이란 종이 위에 조그만 화살표를 몇 개 그리는 일이다. 그게 전부이다!!

어떤 특정한 사건이 일어날 확률과 화살표 사이에는 어떤 관계가 있는가? '땅콩을 세는' 법칙에 의하면, 사건이 일어날 확률은 화살표의 길이의 제곱과 같다. 예를 들어 유리의 한쪽 면(윗면)에서만 반사가 일어났던 첫 번째 실험의 경우, 하나의 광자가 반사되어 **A**에 위치한 광전증폭기에 검출될 확률이 4%였으므로 이것은 길이가 0.2인 화살표에 대응된다. 0.2의 제곱은 0.04, 즉 4%이기 때문이다(그림 6 참조).

유리판을 점차 두꺼운 것으로 바꿔가며 사용했던 두 번째 실험에서는 광자가 유리의 윗면과 아랫면에서 반사되어 **A**지점의 광전증폭기

그림 6. 유리판의 양면에서 일어나는 부분반사현상을 설명하려면, 하나의 사건이 일어날 '확률'만을 알아내는 데 만족해야 한다. 그리고 이 확률은 양자전기역학을 이용하여 계산할 수 있다. 화살표 하나를 그려서, 그로부터 만들어지는 정사각형의 면적이 곧 확률이 된다. 그림과 같은 경우 화살표의 길이가 0.2이므로 확률은 0.04(4%)가 된다.

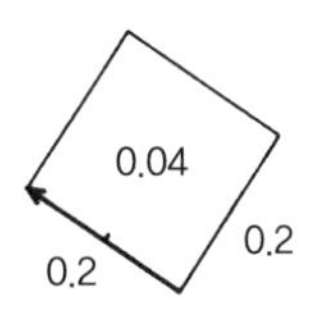

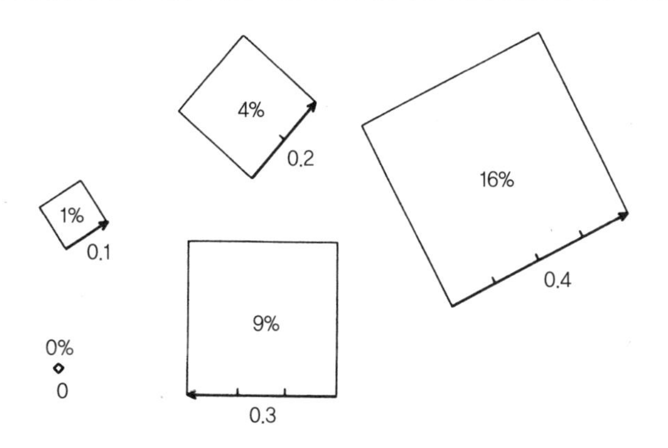

그림 7. 0%에서 16% 사이의 확률을 나타내는 화살표는 0에서 0.4 사이의 길이를 갖는다.

에 검출되었다. 이런 상황을 표현하는 화살표는 어떻게 그려야 하는가? 이 경우 반사되는 광자는 유리의 두께에 따라 0%에서 16% 사이였으므로, 화살표의 길이는 0에서 0.4 사이가 된다(그림 7 참조).

이제 광원을 출발한 광자가 광전증폭기 A에 도달할 수 있는 여러 가지 '경로' 들을 생각해보자. 광자는 유리의 윗면과 아랫면에서 반사되므로 A에 도달하는 방법은 두 가지가 있다. 따라서 '광자가 A에 도달할 총확률' 은 이 두 가지 사건이 일어날 개개의 확률을 더한 값이 된다. 확률의 계산은 어떻게 하는가? 두 개의 화살표를 그리면 된다. 하나의 화살표는 하나의 사건을 나타낸다. 그리고 두 개의 화살표를 합성하여 최종적으로 만들어진 화살표는 전체의 사건이 일어날 확률을 나타낸다. 즉, 최종적으로 만들어진 화살표의 길이를 제곱한 값이 전체 사건이 일어날 확률이 되는 것이다. 만일 어떤 사건이 일어날 수 있는 방법이 3가지가 있다면, 세 개의 화살표를 그린 뒤 그들을 합성하여 최종적인 화살표 하나를 만들어내면 된다.

그렇다면 화살표를 어떻게 합성하는가? 예를 들어, 아래의 그림 8과 같이 두 개의 화살표 **x**, **y**를 하나의 화살표로 합성한다고 하자. 이것

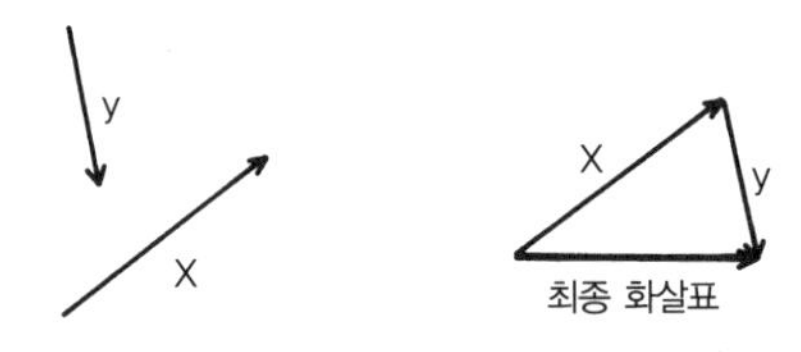

그림 8. 하나의 사건이 일어날 수 있는 방법이 여러 가지로 존재할 경우에는 각각의 경우에 대하여 화살표를 그린 후, 그들을 합성하여(더하여) 하나의 화살표를 만들어낸다. 합성하는 방법은 화살표의 머리에 다른 화살표의 꼬리를 계속 이어나가는 것이다(이때 화살표의 방향이 변하지 않도록 한다). 최종 화살표는 처음 화살표 꼬리와 마지막 화살표 머리를 이어 만든다.

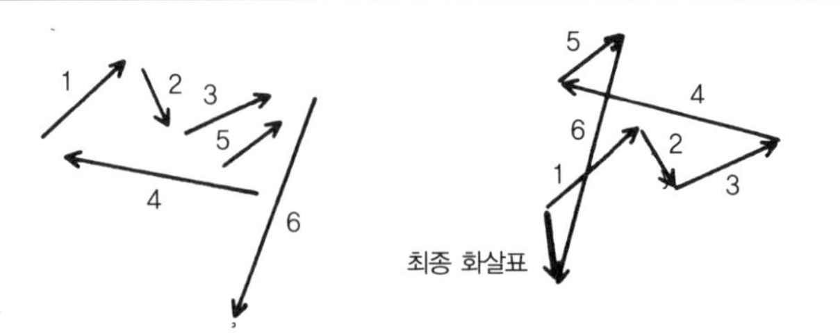

그림 9. 화살표가 아무리 많아도, 앞에 그림 8과 같은 방법으로 합성할 수 있다.

은 전혀 새로운 일이 아니다. 그저 화살표 **x**의 머리를 화살표 **y**의 꼬리에 갖다 붙이기만 하면 된다(이때 화살표의 '방향'을 바꾸면 안 된다). 그것이 전부다. 화살표가 몇 개이건, 우리는 이러한 방법으로 더 해나갈 수 있다(전문용어로는 '화살표의 합성'이라고 부른다). 개개의 화살표는 광자가 춤추며 진행하는 거리와 방향을 말해준다. 그리고 합성한 결과로 생긴 최종 화살표는 똑같은 결과를 가져오는 '단 한 번의' 운동을 나타낸다(그림 9 참조).

이제 광자의 운동과 화살표가 어떤 관계에 있는지를 알아야 한다. 개개의 화살표가 갖고 있는 고유한 성질, 즉 '길이'와 '방향'은 유리면에서 일어나는 광자의 반사현상과 어떤 상관관계가 있는가? 화살표 두 개를 합성한 위의 예제를 예로 든다면, 하나의 화살표는 유리의 윗면에서 일어나는 반사현상을 나타내고 다른 하나는 아랫면에서 일어나는 반사를 나타낸다.

우선 화살표의 길이에 대해 생각해보자. 앞서 이야기했던 첫 번째 실험(광전증폭기를 유리판의 내부에 넣고 실시한 실험)에서 보았듯이, 입사된 광자들 중 4%가 유리판의 윗면에서 반사된다. 그러므로 유리판의 윗면에서 일어나는 반사를 나타내는 화살표는 0.2의 길이를 갖는다.

이제 화살표의 방향만 결정하면 된다. 이를 위해 하나의 초시계를 상상해 보기로 하자. 광자의 운동시간을 재는 이 가상의 초시계에는 엄청난 속도로 돌아가는 초침이 달려있다. 광자가 광원을 출발하는 순간에 초시계를 작동해서, 광자가 갖은 우여곡절을 겪은 끝에 광전증폭기로 도달했을 때 초시계를 멈췄다고 하자. 그리고 멈춰진 초시계를 들여다보면 초침은 어떤 특정한 방향을 가리키고 있을 것이다. 그것이 바로 우리가 그리고자 하는 화살표의 방향이다.

정확한 결과를 얻기 위해서는 또 한 가지의 규칙이 필요하다. 즉, 광자가 유리판의 윗면에서 반사된 경우에는 초침이 향하고 있는 방향의 '반대' 방향으로 화살표를 그리는 것이다. 광자가 유리판의 아랫면에서 반사되었을 때는 초침과 같은 방향으로 그리고, 윗면에서 반사되었을 때는 초침과 정반대 방향으로 화살표를 그리기로 한다.(그 이유는 빛의 위상 ***phase*** 이 서로 다르기 때문인데, 자세한 설명은 여러분을 따분하게 만들 것이므로 생략하겠다– 옮긴이주)

이것으로 준비는 다 되었다. 우선 굉장히 얇은 유리판에서 반사되는 빛에 대해 화살표를 그려보자. '윗면 반사'에 해당하는 화살표를 그린다면, 광자가 광원을 출발하여(이때 초시계가 작동하기 시작한다) 유리의 윗면에서 반사되고, 그것이 A지점으로 도달(이때 초시계를 멈춘다)할 때까지의 과정을 머릿속에 그리기만 하면 된다. 윗면에서 반사될 확률은 4%(0.04)였으므로, 길이가 0.2인 화살표를 초시계의 초침과 '반대' 방향으로 그린다(그림 10 참조).

'아랫면 반사'를 나타내는 화살표 역시 같은 방법으로 그릴 수 있다. 윗면 반사와 다른 점은 화살표의 방향인데, 광자가 유리판의 아랫면에서 반사되는 경우에는 광자가 거쳐 가는 경로가 조금 길어지므로(유리판 두께의 약 2배 정도 길어진다) 광자가 A에 도달했을 때 초시계의 바늘은 윗면 반사 때보다 조금 더 돌아가 있을 것이기 때문이다.

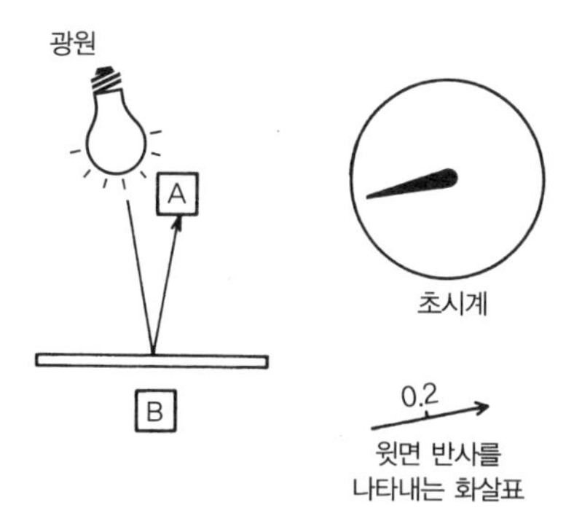

그림 10. 유리면에서 부분반사는 두 가지 방법으로 일어날 수 있다. 광원을 출발한 광자는 유리판의 윗면에서 반사될 수도 있으며, 윗면을 투과한 후 아랫면에서 반사될 수도 있다. 두 가지 경우 모두 길이가 0.2인 화살표로 표현되는데 방향은 서로 다르다. 화살표의 방향은 광자의 운동 시간을 측정하는 초시계의 초침 방향에 따라 결정된다. 단, 윗면에서 반사된 경우에는 초침과 반대 방향으로 화살표를 그린다.

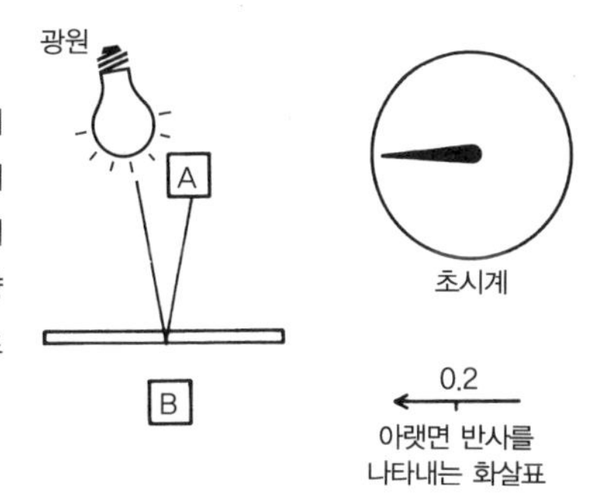

그림 11. 유리의 아랫면에서 광자가 반사되어 A로 도달할 때까지 걸리는 시간은 윗면에서 반사되는 경우보다 조금 더 길다. 따라서 초시계의 초침이 조금 더 돌아가고 화살표의 방향은 조금 달라진다. 아랫면 반사의 화살표는 초침과 같은 방향으로 그린다.

그러나 지금 우리는 매우 얇은 유리판을 대상으로 실험하고 있으므로, 그 차이는 아주 작다. 그리고 아랫면 반사의 경우에는 초침의 방향과 같은 방향으로 화살표를 그린다는 규칙을 상기하기 바란다. 아랫면에서 반사될 확률도 4%였으므로 화살표의 길이는 0.2가 될 것이다(그림 11 참조).

이제 두 개의 화살표를 합성해보자. 두 개의 화살표는 길이가 같고 방향은 거의 반대 방향을 가리키고 있으므로 이 둘을 합성한 화살표는 길이가 매우 짧을 것이다. 그리고 그 짧은 길이를 제곱하면 더욱 작

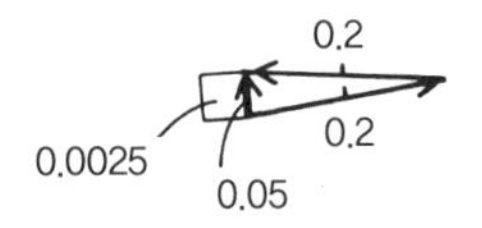

그림 12. 유리면에서 광자가 반사될 확률(최종 화살표 길이의 제곱)을 말해주는 최종 화살표는 윗면 반사와 아랫면 반사의 화살표를 더하여 얻어진다. 아주 얇은 유리판에서 광자가 반사될 확률은 거의 0에 가깝다.

아진다. 따라서 매우 얇은 유리판에서 빛이 반사될 전체 확률은 거의 0이 된다(그림 12 참조).

조금 더 두꺼운 유리판으로 같은 실험을 한다면, '아랫면 반사'를 하는 광자가 거쳐야 할 경로는 방금 전 실험의 경우보다 조금 더 길어져서 초시계의 초침은 조금 더 돌아갈 것이다. 그 결과 두 개의 화살표는 사잇각이 더욱 벌어져서 결국 이 둘을 합성한 최종 화살표의 길이는 길어진다. 즉, 합성한 화살표의 길이의 제곱이 커지는 것이다(그림 13 참조).

이런 식으로 유리판의 두께를 점차 증가시키면서 실험을 반복하다 보면, 윗면 반사의 화살표와 아랫면 반사의 화살표가 정확하게 같은 방향으로 향하는 경우가 생긴다. 이것은 초시계의 초침이 정확하게 서로 반대 방향인 경우에 해당한다. 즉, 유리판이 적당히 두툼하여 아랫면 반사에 소요되는 시간이 윗면 반사에 소요되는 시간보다 초시계 바늘이 정확하게 반 바퀴 돌아갈 만큼 길어진 경우이다. 이렇게 하여 얻어진 두 개의 화살표는 길이와 방향이 모두 같기 때문에 이들을 합성한 최종 화살표의 길이는 0.4가 되며 그 제곱은 0.16, 즉 16%가 된

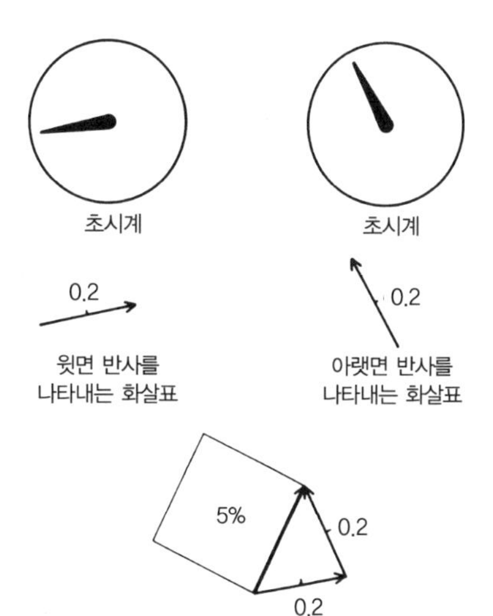

그림 13. 조금 두꺼운 유리판으로 실험을 하면 아랫면 반사와 윗면 반사에 소요되는 시간의 차이가 커지므로 초시계의 초침도 상대적으로 많이 돌아간다. 결국 두 화살표의 방향이 많이 달라져서 최종 화살표의 길이는 커지게 된다.

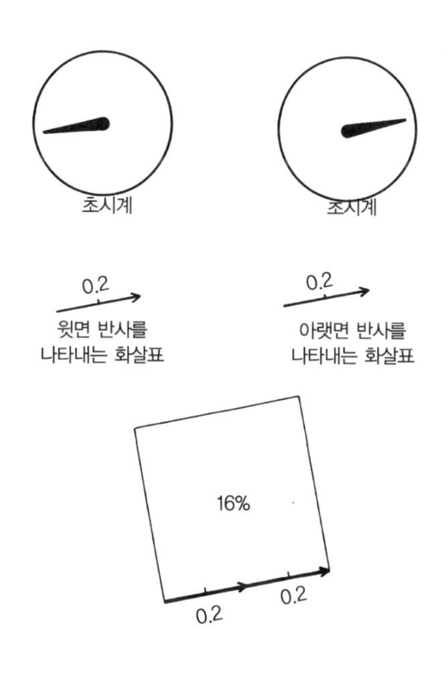

그림 14. 유리의 두께가 적당하여 두 초시계의 초침이 정확하게 반대 방향을 가리키게 되면 화살표는 같은 방향이 되어 이들을 합성한 최종 화살표의 길이는 최대값인 0.4가 된다. 이것은 16%의 확률을 나타낸다.

다(그림 14 참조).

여기서 유리판 두께가 더 증가하여 아랫면 반사에 소요되는 시간을 측정한 초시계가 윗면 반사를 측정한 초시계보다 정확하게 한 바퀴 더 돌아갔다면 두 개의 화살표는 서로 반대 방향이 되어, 결국 이들을 합성한 화살표의 길이는 0이 된다(그림 15 참조). 이러한 상황은 두 초시계의 초침이 같은 방향으로 향한 경우, 즉 아랫면 반사에 소요되는 시간과 윗면 반사에 소요되는 시간 차이가 초시계 주기(초침이 한 바퀴 도는 데 걸리는 시간)의 정수 배만큼 차이가 날 때마다 발생한다.

만일 유리판이 적당한 두께를 가지고 있어서 아랫면 반사를 측정한 초시계가 1/4, 또는 3/4바퀴 더 돌아갔다면 두 화살표의 방향은 서로 직각을 이루게 된다. 이 경우 두 화살표를 합성한 최종 화살표는 직각삼각형의 빗변이 되어, 그 유명한 피타고라스의 정리에 따라 나머지 두 변의 길이를 각각 제곱하여 더한 값은 빗변의 길이를 제곱한 값과

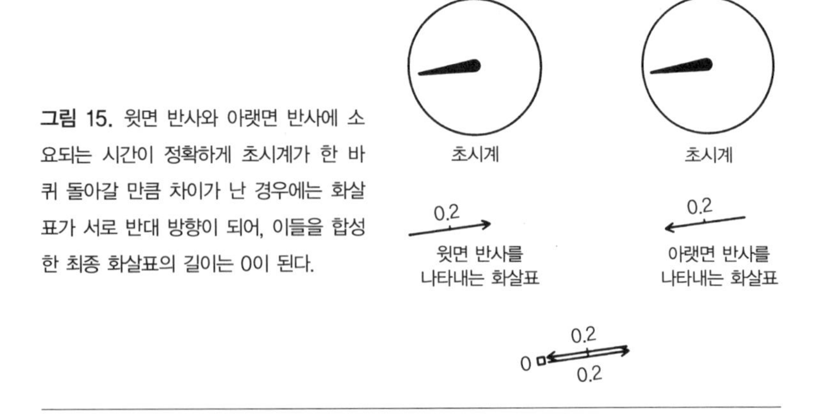

그림 15. 윗면 반사와 아랫면 반사에 소요되는 시간이 정확하게 초시계가 한 바퀴 돌아갈 만큼 차이가 난 경우에는 화살표가 서로 반대 방향이 되어, 이들을 합성한 최종 화살표의 길이는 0이 된다.

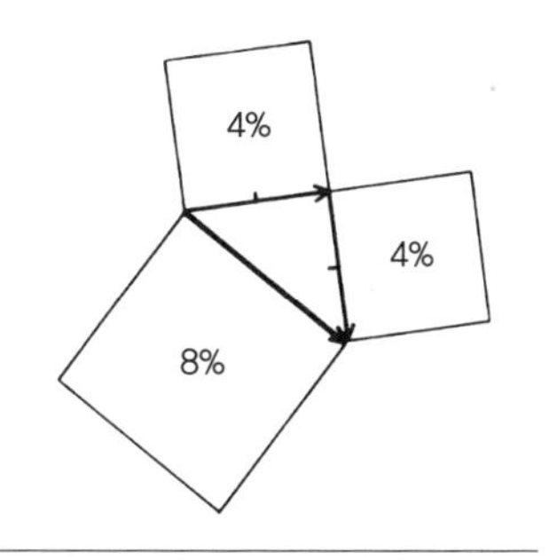

그림 16. 윗면 반사와 아랫면 반사의 화살표 방향이 90° 차이가 나면 피타고라스의 정리에 의해 최종 화살표 길이의 제곱은 두 화살표 길이의 제곱을 더한 것과 같다.

같아진다. 이렇게 해서 얻어진 값이 바로 8%, 즉 '하루에 두 번 맞는 고장 난 시계'에 해당하는 값이다(그림 16 참조).

그동안 우리는 유리판의 두께만을 점차 증가시켜 가면서 실험을 했으므로, 윗면 반사를 나타내는 화살표는 항상 같은 방향을 향하고, 아랫면 반사를 나타내는 화살표만이 점차 방향을 바꾸어갔다. 그 결과, 두 화살표를 합성한 화살표의 길이는 0부터 0.4 사이에서 주기적으로 변하는 값을 가지며, 이는 앞서 말한 실험 결과와 정확하게 일치한다(그림 17 참조).

화살표의 정체 : 확률진폭

내가 지금까지 설명한 것은, 종이 위에 조그만 화살표 몇 개를 끄적거려서 부분반사의 기묘한 특성을 정확하게 계산해내는 방법에 관한 것이었다. 이 화살표는 전문용어로 '확률진폭 *probability amplitude*'이라 불린다. 그러니까 우리가 '한 사건의 확률진폭을 계산하고 있다'고 표현한다면 무언가 아주 대단한 일을 하고 있는 듯이 생각된다. 그

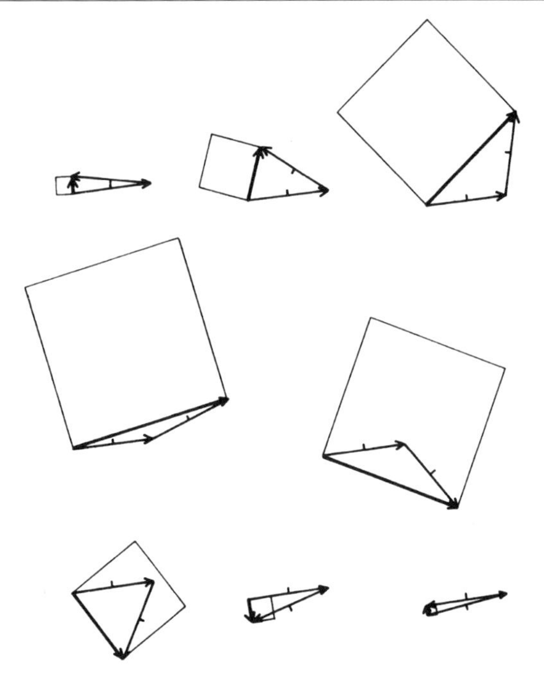

그림 17. 유리판의 두께가 점차 두꺼워지면 윗면 반사와 아랫면 반사를 측정한 초침의 상대적 방향도 달라진다. 즉, 윗면 반사의 초침은 항상 같은 방향을 가리키고 아랫면 반사의 초침이 주기적으로 변하여, 결국 두 화살표의 사잇각은 0° 에서 360° 까지 주기적으로 변한다. 따라서 최종 화살표의 길이는 0~0.4(0%~16%) 사이의 값이 되며, 유리판이 계속 두꺼워지면 이 값은 일정한 패턴을 가진 채 주기적으로 변한다.

러나 나는 솔직한 것이 좋다. 그래서 나는 '무언가가 일어날 확률을 나타내는 화살표를 찾고 있다' 는 표현이 더욱 마음에 든다.

나의 첫 번째 강연을 마치기 전에, 여러분이 비누 방울에서 흔히 보게 되는 색깔에 대해 말해둘 것이 있다. 자동차가 흙탕물 위에 기름을 흘린 경우에는 그와 같은 색깔을 볼 수 있다. 그 지저분한 흙탕물 위에 떠 있는 기름 막의 표면은 매우 예술적이고 아름다운 색상을 띠고 있다. 흙탕물 위를 떠다니는 얇은 기름 막은 매우 얇은 유리판에서 볼 수 있는 반사현상과 비슷한 현상을 보여준다.

즉, 막의 두께에 따라 0부터 최대치 사이의 어떤 특정한 색깔의 빛을 반사하는 것이다. 만일 우리가 기름 막의 표면에 붉은색의 단색광을 비춘다면 거기에는 검은색의 띠(반사가 일어나지 않는 부분)와 붉은색의 반점들이 나타날 것이다. 왜냐하면 기름 막의 두께는 위치에 따라 다소 불규칙하기 때문이다. 파란색의 단색광을 비췄을 때에도 비슷한 현상이 일어난다. 즉, 검은색 띠 사이에 파란 반점들이 생겨날 것이다. 파란색과 붉은색의 단색광을 동시에 비추었다면, 기름 막의 표면에는 몇 가지의 색이 나타난다. 기름 막의 두께가 파란 빛을 반사하기에 적절한 곳은 파란색을 띨 것이며 붉은 빛이 반사될 정도의 두께를 가진 곳에서는 붉은색을 띠게 될 것이다. 그리고 파란색과 붉은색 빛을 모두 반사하는 곳은 보라색을, 아무것도 반사되지 않을 정도의 두께를 가진 기름 막의 표면은 검게 나타날 것이다.

이 현상을 좀더 정확히 이해하려면 각 단색광에 대하여 부분반사되는 확률과 유리판의 두께 사이의 관계를 주의 깊게 관찰해볼 필요가 있다. 유리판이 두꺼워짐에 따라 부분반사될 확률 값이 주기적으로 변한다는 사실은 모든 단색광의 공통적인 성질이다. 그러나 그 색깔에 따라 '주기' 가 다름을 유의해야 한다. 파란색 단색광의 경우 0%에서 16%까지 오락가락 하는 반사율의 주기는 붉은 단색광의 주기보다 짧다.

즉, 유리판 또는 기름 막의 두께에 따른 반사율의 변화가 더 빨리, 더 빈번히 일어난다. 따라서 유리판의 두께에 따라 파란 빛만 더 강하

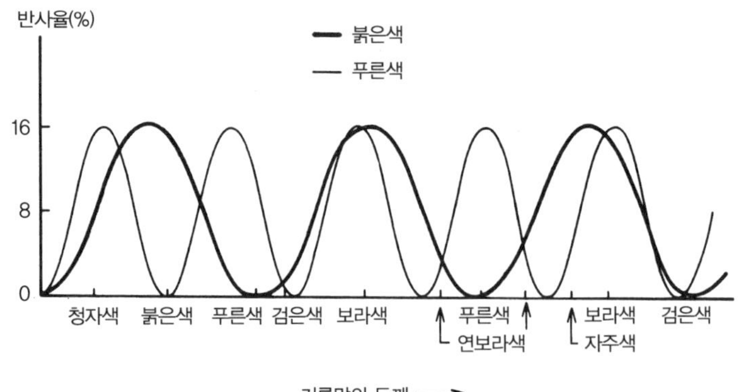

그림 18. 유리판의 두께가 증가함에 따라 유리의 양면에서 부분반사가 일어날 확률은 최저 0%에서 최고 16%까지 변한다. 가상의 초시계는 단색광의 색깔에 따라 초침이 돌아가는 속도가 다르기 때문에 반사율이 변하는 주기도 서로 다르다. 따라서 적색광과 청색광이 동시에 입사된 경우에는 유리판의 두께에 따라 반사되는 양도 달라져서 다양한 색상이 나타나게 된다. 유리판 대신 진흙에 고인 기름 막을 사용한다면 두께가 고르지 않기 때문에 여러 가지 색상이 동시에 나타난다. 태양광선에는 모든 종류의 단색광이 섞여 있으므로, 이러한 현상을 흔히 볼 수 있다.

게 반사되기도 하고, 또는 붉은 빛만 반사되기도 하는 것이다. 또 어떤 두께에서는 두 가지 단색광이 모두 강하게 반사되어 보라색을 띠기도 하고, 또는 둘 다 반사되지 않아 검은색으로 보이기도 한다(그림 18 참조). 반사율이 변하는 주기가 서로 다른 이유는, 파란색 광자용 초시계가 붉은색 광자용 초시계보다 빨리 가기 때문이다. 파란색 광자와 붉은색 광자의 유일한 차이점이란 바로 이것이다. 즉, 그들 각각의 운동시간을 재는 초시계의 초침이 서로 다른 속도로 돌아가는 것뿐이다(다른 단색광과 X선 등도 마찬가지이다).

얇은 기름 막의 표면에 파란 빛과 붉은 빛을 동시에 비추면 파란색과 붉은색, 그리고 보라색의 무늬가 형성되고 그 사이 사이에 검은색을 띤 영역이 나타난다. 그러므로 모든 종류의 단색광을 다 갖고 있는 태양광선이 기름 막의 표면에 비치면 막의 두께에 따라 온갖 종류의 색끼리 혼합되어 나타나는 것이다. 물 위에 기름 막이 떠 있을 때에는 위치에 따라 기름 막의 두께가 천차만별이므로 기름 막이 물과 함께 출렁일 때마다 연속적으로 색상이 변해간다.(밤중에 길을 거닐다가 흙탕물 위에 떠 있는 기름을 보았을 때에는 사정이 다르다. 대부분의 가로등은 나트륨 등이므로 기름 막은 노란색과 검은색만을 띠고 있다. 나트륨 등은 노란빛의 단색광을 발하기 때문이다)

윗면과 아랫면에서 일어나는 부분반사에 의해 색조를 띠는 현상은 일종의 무지개 현상이며, 어느 곳에서나 흔히 볼 수 있다. 아마도 여러분들은 벌새나 공작새의 깃털을 보고 그 색상의 다양함과 아름다움에 감탄했던 경험이 있을 것이다. 이제 우리는 그 이유를 알았다. 그토록 아름다운 색상이 어떻게 진화되어 왔는지를 연구하는 것도 재미있는 일이다. 우리가 공작새를 보고 감탄한다면, 볼품없이 생긴 암컷이 자신의 짝을 선택할 때 안목이 상당히 높다는 점도 인정해야 한다.

다음 강연에서 나는 화살표를 합성하는 그 엉성한 듯한 방법으로 우리와 친숙한 자연현상들을 정확하게 규명할 예정이다. 친숙한 자연현상이란, '빛은 왜 직진하는가?' '빛은 거울에서 반사될 때 왜 입사각과 반사각이 같은가?' '렌즈는 어떻게 해서 빛을 한 점에 집중시킬 수 있는가?' 등등을 말한다. 빛에 관하여 여러분이 알고 있는 모든 성질을 이 조그만 해결사, 화살표가 명쾌하게 규명해줄 것이다.

둘째 날

이 세계는, 그 앞에 열려 있는
모든 가능한 경로를 따라 움직여 나가고 있다.
– 프레드 앨런 울프 *Fred Alan Wolf*

광자(빛을 구성하는 입자)

오늘 강연은 양자전기역학에 관한 나의 두 번째 강연이다. 지난 첫 강연 때 나는 청중들이 아무것도 이해하지 못할 것이라고 겁을 주었다. 그래서인지 지금 좌석에 앉아 있는 여러분들 가운데 낯익은 얼굴은 하나도 없는 것 같다. 그러니 아무래도 지난번 강연의 주된 내용을 간략하게 복습하고 넘어가는 것이 좋겠다.

우리의 주된 관심사는 '빛' 이었다. 빛의 성질 중에서 가장 중요한 것은 빛이 입자로 구성되어 있다는 사실이다. 매우 희미한 단색광이 감지기를 때렸을 때, 그것은 '딱!' 하고 소리를 낸다. 물론, 단색광을 강하게 비추었을 때보다는 소리가 뜸하게 나겠지만, '딱' 소리 자체는 결코 작아지지 않는다. 빛의 강도를 줄이면 줄일수록 감지기(광전증폭기)의 소리는 더욱 뜸해질 것이다.

빛에 관한 또 하나의 중요한 성질은 단색광의 부분반사현상에서 볼 수 있는데, 이는 지난 첫 번째 강연에서 논의되었다. 유리판의 한 쪽 면에서는 입사된 광자의 평균 4%가 반사되었다. 이것은 그 자체만으로도 매우 신비한 일이다. 왜냐하면 하나의 광자가 유리면에서 반사될지, 아니면 통과할지를 예측할 수 있는 방법은 전혀 없기 때문이다. 유리판의 두 번째 표면, 즉 아랫면까지 고려한다면 문제는 더욱 어려워진다. 윗면에서 4%가 반사되고, 윗면을 통과한 96% 중의 4%가 아랫면에서 반사되어 반사된 광자의 전체 비율은 약 8%가 되리라는 상식적인 예측을 비웃기라도 하듯이, 그것은 유리판의 두께에 따라 0%에서 16% 사이를 오락가락 하였다.

유리판의 양면에서 일어나는 이 기이한 부분반사현상은 빛의 파동이론으로 설명할 수도 있지만, 파동이론으로는 앞서 말한 균일한 '딱!' 소리를 설명할 수 없다. 양자전기역학은 빛이 입자로 이루어져 있음을 천명하여 이 파동-입자의 이중성을 해결하는 커다란 진전을 보였으나, 그 대가로서 광자가 유리면에서 반사될 '확률' 밖에 계산할 수 없는 딱한 처지에 만족해야 했다. 하나의 광자가 유리면에서 반사되거나 투과되는 자세한 물리학적 과정은 여전히 미지로 남아 있는 것이다.

첫 번째 강연에서 나는 물리학자들이 '특정한 사건이 일어날 확률'을 계산하는 방법에 대하여 설명한 바 있다. 물리학자는 다음과 같은 법칙에 따라 종이 위에 화살표를 그린다.

기본법칙

하나의 사건이 일어날 확률은 '확률진폭'이라 불리는 화살표의 길이의 제곱과 같다. 예를 들어 길이가 0.4인 화살표는 0.16 또는 16%의 확률을 나타낸다.

일반법칙

하나의 사건이 일어날 수 있는 방법이 여러 가지 있을 때에는 각각에 대해 화살표를 그린 후 화살표의 머리를 다른 화살표의 꼬리에 갖다 붙임으로써 이들을 합성(덧셈)하여 최종 화살표(첫번째 화살표 꼬리에서 마지막 화살표 머리를 이어준 화살표)를 그린다(갖다 붙이는 순서에는 무관하다). 이렇게 만들어진 최종 화살표의 길이를 제곱한 값이 곧 사건이 일어날 전체 확률을 나타낸다.

유리판에서 일어나는 부분반사의 경우에는 화살표를 그리는 데 몇 가지의 법칙이 더 필요하다(이 법칙은 첫 번째 강연에서 자세히 설명하였다. 53, 54쪽 참조).

이상이 지난 첫 강연에서 내가 설명한 내용이었다.

여러분은 오로지 화살표 하나만으로 만들어진 이 모델이 매우 낯설게 느껴질 것이다(아마 두 번 다시 보고 싶지도 않을 것이다). 그러나 이 화살표 모델은 여러분이 알고 있는 빛의 모든 성질, 예를 들어 거울에서 반사될 때 입사각과 반사각이 같고, 물속으로 들어갈 때 구부러

지며 또 진공 속에서는 직진하고, 렌즈를 통과하면 한 점으로 모이는 성질 등등을 훌륭하게 설명해준다. 그리고 이 이론은 여러분이 잘 알지 못하는 빛의 여러 가지 다른 성질까지도 잘 설명하고 있다.

사실, 내가 강연 준비를 하면서 가장 어려웠던 점은, 학교에서 장시간 수업을 받아야 알 수 있는 빛의 성질들(예를 들자면 빛이 모서리를 지나서 그림자 속으로 돌아 들어가는 회절현상 등)을 양자전기역학적 방법을 동원하여 설명하고 싶은 충동을 억누르는 일이었다. 여러분들 중 대부분은 빛의 회절현상을 주의 깊게 관찰해본 경험이 없을 것이므로 나도 그에 관한 이야기는 하지 않을 작정이다. 앞으로도 나는 될 수 있는 대로 단순하고 친숙한 빛의 성질을 양자전기역학적 방법으로 규명해나갈 것이다. 그러나 양자전기역학이 할 수 있는 일은 그것뿐이 아니다. 지금까지 관측된 빛의 성질 중에서 양자전기역학이 설명해내지 못한 것은 아무것도 없다. 이것은 내가 보증할 수 있다.

입사각과 반사각은 왜 같은가?

그러면 거울에서부터 이야기를 풀어나가 보자. 빛이 거울에서 어떻게 반사되는지, 지금부터 면밀하게 살펴보기로 한다(그림 19).

S위치에 있는 광원에서는 매우 희미한 붉은색의 단색광이 방출되고 있다. 이 광원은 매번 단 하나의 광자만을 방출한다고 하자. 위치 P에는 반사된 광자를 감지하는 광전증폭기가 설치되어 있다. 좀 간단히 생각하기 위해, 광전증폭기는 광원과 같은 높이에 있다고 하자. 모든

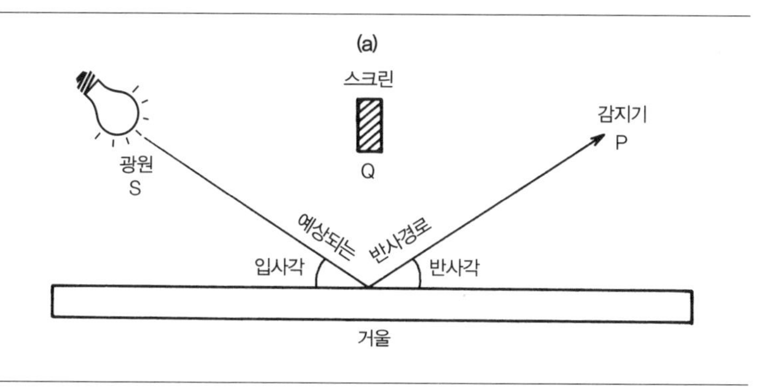

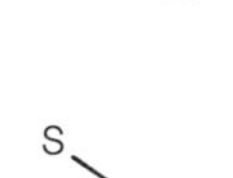

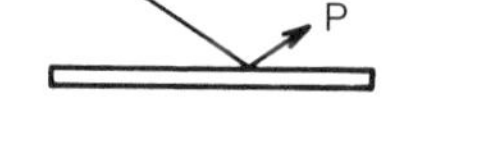

그림 19. 고전적인 관점에서 볼 때, 그림 (b)처럼 광원과 감지기가 다른 높이에 설치된 경우에도, 유리표면에서 반사되는 빛의 입사각과 반사각은 같다.

배열이 대칭을 이루면 화살표 그리기가 쉬워진다. 우리가 하고자 하는 일은 광원에서 방출된 광자가 거울에 반사된 후 광전증폭기에 감지될 수 있는 '모든 가능한 경우'를 따져보는 것이다. 광원에서 거울을 거치지 않고 곧바로 광전증폭기로 도달하는 광자도 있으므로 가운데 Q위치에 스크린을 설치하여 그런 경우가 발생하지 않도록 하였다.

이제 광전증폭기에 도달한 광자는 거울의 중앙부에서 반사된 것이라고 여러분은 생각할 것이다. 왜냐하면 그곳이 바로 입사각과 반사각이 같아지는 유일한 곳이기 때문이다. 그렇다면 유리의 양 끝 부분은 지금 문제 삼고 있는 반사현상과 어떤 관계가 있는가? 아마도 여러분은 '치즈와 분필 사이의 관계 정도 되겠지….' 라고 생각할 것이다.

여러분은 유리의 양 끝면과 광전증폭기에 감지된 광자 사이에는 아무런 관계가 없다고 생각하겠지만, 그런 생각은 잠시 접어두고 양자전기역학이 주장하는 말에 잠시 귀를 기울여주기 바란다.

법칙

어느 특정한 사건이 일어날 확률은 합성된 최종 화살표 길이의 제곱과 같다. 그리고 최종 화살표는 그 사건이 일어날 수 있는 모든 가능한 경우의 화살표들을 합성하여(또는 더하여) 얻어진다.

유리판 양면에서 일어나는 부분반사의 경우, 광원을 출발한 광자가 반사하여 광전증폭기에 감지되는 데에는 두 가지 가능한 경로가 있었다. 그러나 지금은 수백만, 아니 무한대의 가능한 경로가 있다. 광자는

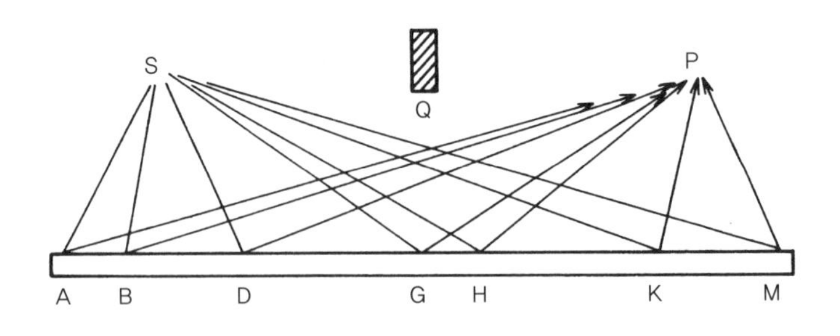

그림 20. 양자론적 관점에서 보면, 빛은 A에서 M에 이르기까지 거울의 모든 지점에서 반사될 수 있으며, 그 확률은 모두 같다.

왼쪽 끝에 있는 A 또는 B지점에서 반사되어 광전증폭기에 감지될 수도 있고(그림 20 참조), 거울의 중간 지점인 G에서 반사될 수도 있다. 또는 오른쪽 끝의 K나 M지점을 거쳐 광전증폭기에 도달할 수도 있다. 여러분은 지금 내가 미쳤다고 생각할지도 모른다. G지점을 제외하고는 입사각과 반사각이 모두 다르기 때문이다. 그러나 분명히 말해두지만 나는 미치지 않았다. 지극히 정상이다. 빛은 정말로 거울의 모든 부분에서 반사되어 광전증폭기(P)로 향한다. 어떻게 그럴 수가 있을까?

이 문제를 좀더 쉽게 이해하기 위해, 거울이 몇 개의 사각형 구획으로 나뉘어져 있다고 생각해보자(그림 21 참조). 그리고 각각의 사각형 영역에서는 단 하나의 광자만이 반사된다고 하자. 물론 사실은 그렇지 않다. 수백만 개의 광자들이 거울에서 반사될 것이기 때문이다. 그러나 이런 식으로 문제를 단순화시켜도 결과는 크게 달라지지 않는다. 거울을 더욱 잘게 나눌수록 더욱 정확한 답을 얻게 되겠지만, 화살표를 그만큼 많이 그려야 하므로 일이 번거로워진다. 그러니 그림 21처럼 몇 개의 구획으로 나누어 간단하게 생각해보자.

이제 각 구획에서 반사되는 광자에 대한 화살표를 하나 그려보자.

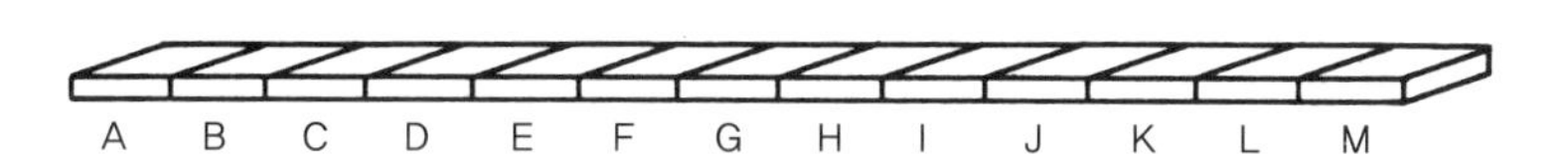

그림 21 빛의 경로를 쉽게 계산하기 위해 거울을 여러 개의 작은 사각형 구획으로 나누어 생각해보자. 각각의 작은 사각형 영역에서는 단 한 개의 광자가 반사된다. 이렇게 문제를 단순화시켜도 결과는 크게 달라지지 않는다.

각각의 화살표는 고유의 길이와 방향을 가지고 있다. 우선 길이를 생각해보자. 아마도 여러분은 거울의 중간 지점인 G부분에서 광자가 반사되어 감지기로 들어올 확률이 가장 높다고 생각할 것이다. 즉, G지점에서 반사를 나타내는 화살표가 가장 길고, 양 끝에서 반사를 나타내는 화살표는 매우 짧다고 생각할 것이다. 하지만 그렇지가 않다. 자신의 짐작에 따라 멋대로 규칙을 만들어 내서는 안 된다. 이 경우, 규칙은 매우 간단하다. 거울의 어떤 지점에서 반사가 일어나건 간에, 모든 화살표는 거의 비슷한 길이를 갖는다. 다시 말하면 S에 있는 광원에서 방출된 광자가 거울에 반사되어 P의 감지기에 도달할 때까지 거쳐 오는 모든 경로들은 모두 비슷한 확률을 갖는다는 말이다(실제로는 경로의 길이와 방향에 따라 조금씩의 차이가 있긴 하지만, 그것은 매우 작은 값이므로 무시해도 된다). 따라서 우리가 그릴 화살표는 모두 길이가 같다. 화살표를 많이 그려야 하니까, 좀 짧게 그리는 것이 좋겠다(그림 22 참조).

화살표의 길이가 모두 같다는 가정은 사실과 크게 다르지 않으나, 화살표의 방향에 대해서는 그러한 가정을 세울 수 없다. 지난번 강연 때 말했던 바와 같이, 화살표의 방향은 초시계의 초침에 의해 결정된다. 즉, 광자가 광원을 출발할 때 초시계를 작동시킨 후 거울에서 반사되어 감지기에 도달한 순간 초시계를 멈추고, 그때 초침이 가리키고

그림 22. 빛이 진행해 나갈 수 있는 모든 경로에는 그림과 같이 임의의 규격화된 길이를 가진 하나의 화살표가 대응된다.

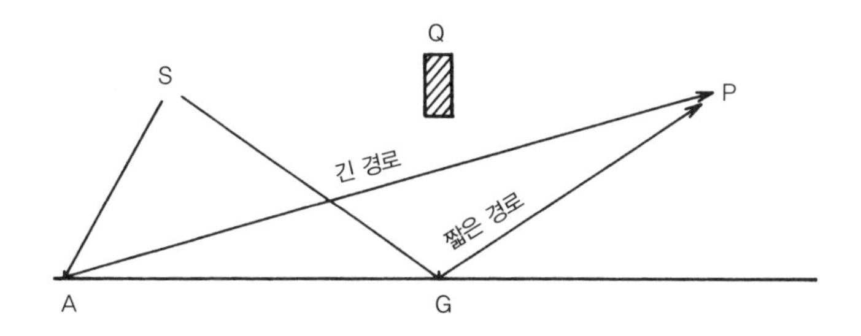

그림 23. 모든 화살표의 길이는 근본적으로 같지만 각 경로마다 소요시간이 다르므로 화살표의 방향 역시 서로 다르다. S에서 A를 거쳐 P로 도달하는 경로는 G를 거쳐 가는 경로보다 분명히 길다.

있는 방향으로 정했다. 그런데 지금 광자가 거울의 어느 위치에서 반사되는가에 따라 초시계의 초침이 가리키는 방향은 크게 달라진다(초침이 엄청나게 빠른 속도로 돌아가고 있음을 상기해주기 바란다). 광자가 거울이 왼쪽 끝 **A**지점에서 반사되어 감지기 **P**에 도착할 때까지 걸리는 시간보다 분명히 길다(그림 23 참조). 만일 광자가 개인적으로 무슨 약속이 있어서 급히 서둘러야 한다면 **A**를 거쳐 가는 것보다 **G** 근처를 거쳐 가는 것이 훨씬 현명할 것이다.

각 화살표의 방향을 좀더 쉽게 결정하기 위해, 각각의 경로에 해당되는 소요시간을 그래프로 그려 보았다(그림 24 참조). 광자가 반사되는 각 지점(**A**, **B**, …, **M**)마다 하나의 경로가 대응되며, 각각의 경로를 광자가 거쳐 가는 데 소요되는 시간이 그래프의 세로축을 따라 표시되어 있다. 소요시간이 길수록 그래프의 점(·)은 위쪽에 그려진다. 거울의 왼쪽 끝(**A**지점)을 지나는 경로는 가장 긴 시간이 걸리므로 가장

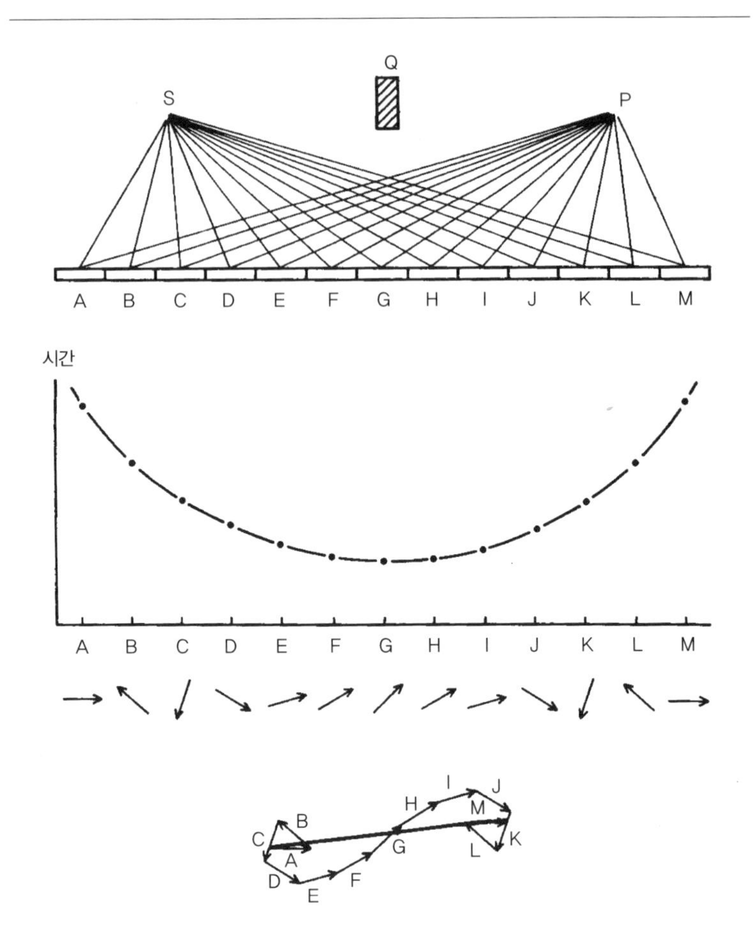

그림 24. 빛이 거울에서 반사되어 감지기로 도달하는 모든 가능한 경로들이 그림의 상단부에 표시되어 있다. 중앙부의 그림은 각 경로에 소요되는 시간을 세로축에 •으로 표시한 그래프이다. 그래프 아래에 그려진 화살표는 각 경로에 해당되는 화살표의 방향을 나타내며, 가장 하단에는 이 모든 화살표들을 합성한 최종 화살표가 굵은 선으로 표시되어 있다. 그림에서 보는 바와 같이, 최종 화살표의 길이는 주로 E에서 I 사이의 화살표에 의해 생긴다. 왜냐하면 그 사이에 있는 경로들은 길이가 서로 비슷하여 화살표의 방향도 서로 엇비슷하기 때문이다. 그리고 이 지점은 소요시간이 가장 적은 편에 속하는 경로들이 밀집되어 있는 지역이므로, 빛이 최단시간 경로를 따라서 진행한다고 말해도 크게 틀리지 않는다.

높은 곳에 점(·)이 그려져 있고, 오른쪽으로 갈수록(B, C, D, …) 경로가 점점 짧아져서 소요시간이 줄어들기 때문에 점(·)의 위치가 점차 아래로 내려온다. 거울의 중앙부인 G지점에서는 경로가 가장 짧아져서 소요시간 역시 최소가 된다. 그리고 더 오른쪽(H, I, J, …)에서 반사되면 다시 경로가 길어져서 그래프의 점은 위쪽으로 올라가 오른쪽 끝인 M지점에서 다시 최대가 된다. 그래프를 한눈에 알아볼 수 있도록 점과 점 사이를 완만한 곡선으로 연결해보자. 그러면 아래로 볼록하게 생긴 좌우대칭형 곡선이 그려진다.

이렇게 만들어진 그래프로부터 화살표의 방향이 결정될 수 있다. 하나의 화살표는 특정한 한 곳에서의 반사를 나타내므로, 그 방향은 해당 경로의 길이, 즉 소요시간에 좌우된다. 우선 왼쪽 끝(A)부터 화살표를 그려보자. A에서 반사되는 사건은 가장 긴 시간이 소요된다. 이때 초시계의 초침은 어떤 특정한 방향을 가리키고 있을 것이다. 구체적으로 어떤 방향이 될지는 모르지만 우선 오른쪽(→) 방향으로 해두자(나중에 알게 되겠지만, 첫 화살표의 방향은 임의로 그려도 결과에는 아무런 지장이 없다). B에서 반사되는 경우, A보다 소요시간이 짧으므로 초시계의 초침은 조금 덜 돌아가서 A와는 다른 방향의 화살표가 그려진다. 거울의 중앙부분인 F, G, H에서는 소요시간이 거의 같기 때문에 화살표의 방향도 거의 비슷하다. 거울의 오른쪽 부분으로 가면 소요시간이 다시 길어지는데, 이는 G를 중심으로 정확하게 좌우대칭적으로 변한다(이것은 애초에 우리가 광원과 감지기를 같은 높이에 설치해두고, 거울의 중앙부인 G가 정확히 그 중간에 놓이도록 했기 때문이다). 그러므로 J의 화살표 방향은 그와 대칭점에 있는 D의 화살표 방향과 같다.

이제, 모든 화살표들을 합성해보자(그림 24 참조). 화살표 A에서 시작하여, 차례로 화살표의 머리와 꼬리를 연결해간다. 화살표 하나의 길이가 사람의 보폭이라고 생각한다면, 여러 걸음을 걸어갔다고 해도 방향이 모두 다르므로(술 취한 사람처럼) 그리 멀리 가지는 못할 것이다. 그러나 잠시 후 화살표의 방향이 그런 대로 비슷해져서, 꽤 멀리까지 가게 된다. 그러다가 다시(취기가 발동하여) 보폭의 방향이 걸음마다 크게 변하여 갈팡질팡 하다가 결국 최종적으로 어디선가 멈춰 선다.

이제 최종 화살표를 그리는 일만 남았다. 이건 아주 간단하다. 그저 첫 화살표를 꼬리에서 출발하여 마지막 화살표의 머리에서 끝나는 화살표를 그리면 된다. 이 최종 화살표는 일정한 보폭으로 비틀거리며 걸어간 사람이 실제로 진행한 거리를 나타내고 있다.(그림 24) 똑똑히 보라. 우리는 길이가 제법 긴 최종 화살표를 얻어냈다. 양자전기역학은 실제로 빛이 거울에서 반사된다는 사실을 예측하고 있다!

조금 더 주의 깊게 살펴보자. 최종 화살표의 길이를 결정하는 요인은 무엇인가? 이에 대해서는 몇 가지 요인을 들 수 있다. 첫째로, 거울의 양쪽 끝 부분은 최종 화살표의 길이에 별다른 영향을 주지 못한다는 사실을 알 수 있다. 양 끝 부분에 해당되는 화살표들은 그 방향이 제멋대로여서, 서로 상쇄되어 버리는 것이다. 거울의 양끝을 잘라낸다 해도 최종 화살표의 길이와 방향은 거의 달라지지 않는다.

그렇다면 최종 화살표의 길이는 거울의 어느 부분에서 주로 만들어지는가? 작은 화살표의 방향이 거의 비슷한 부분, 바로 그곳에서 최종 화살표의 길이가 길어진다. 왜냐하면 그 부분에서 일어나는 반사는 소요시간이 거의 같기 때문이다. 각각의 경로에 소요되는 시간을 표현한 그래프에서 본 바와 같이(그림 24 참조), 최단시간이 소요되는 곳, 즉 곡선의 '가장 아랫부분' 근처에서는 소요시간이 거의 같다.

요약해서 말하자면, 소요시간이 최소가 되는 곳에서는 근처의 다른 경로와 소요시간이 거의 비슷하다. 그리고 그 근처에서는 화살표의 방향이 거의 비슷하여, 이들이 합성되면 상당한 길이가 된다. 광자가 거울에서 반사되는 확률은 바로 이 근처에서 결정된다. 이런 이유로 인해, '광자는 최단시간이 걸리는 경로만을 따라간다' 고 대충 서술해도 별 문제가 생기지 않는 것이다(그리고 최단시간이 걸리는 경로는 이 경우 거울에서 반사되는 광자의 입사각과 반사각이 정확하게 같다. 증명은 그리 어렵지 않으나 시간상 생략하기로 한다).

결국 양자전기역학은 올바른 해답을 얻어냈다. 거울의 중앙 부분은 반사에 있어 매우 중요한 부분이다. 그러나 이 올바른 결과는 거울의 모든 부분에서 반사가 일어난다는 사실을 믿은 대가이다. 그리고 우리는 양쪽 끝의 화살표를 상쇄하려고 열심히 합성해 나갔다. 여러분들 눈에는 이것이 멍청한 짓거리로 보일지도 모른다. 수학자들이 좋아할 만한 바보 같은 게임 같기도 하다. 결국은 상쇄될 것들을 가지고 무언가 열심히 끄적거리는 일은 실제적 물리학과는 거리가 먼 것처럼 느껴질 것이다.

빛의 마술 : 회절격자

거울의 모든 부분에서 반사가 실제로 일어난다는 사실을 증명하기 위해, 다른 실험을 해보자. 거울의 왼쪽 끝 1/4만 남기고 나머지를 모두 잘라냈다고 생각해보자. 1/4이라 해도, 아직 거울은 제법 크다. 그러나 그것은 이제 반사가 일어날 만한 좋은 위치에 놓여 있지 않다. 방금 전의 실험에서, 거울의 왼쪽 끝 부분에 해당되는 화살표들은 방향이 제각각이었다. 왜냐하면 그 근처를 지나는 경로들은 길이의 차이가 컸기 때문이다.(그림 24 참조)

이제부터 실시할 실험에서는 거울의 왼쪽 끝 1/4에 해당되는 부분을 더 잘게 나누어 경로 길이를 따져보겠다. 거울을 더 잘게 나눌수록

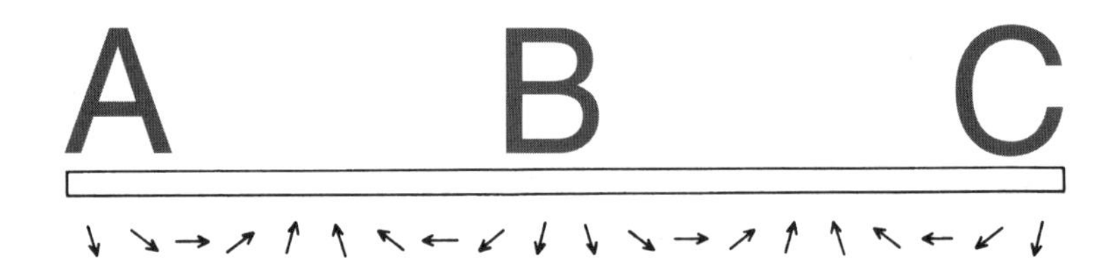

그림 25. 거울의 끝 부분에서도 정말로 반사가 일어나는지를 확인하기 위해, 광원 S와 감지기 P의 중앙부가 아닌 엉뚱한 위치에 거울을 놓고 실험해보자. 거울을 아주 작은 구획으로 세분하여 보면, 바로 이웃한 구획간의 소요시간 차이는 그다지 크지 않다. 그러나 모든 화살표들을 합성해보면 한 자리를 맴돌다가 결국 원래의 위치로 다다른다. 즉, 최종 화살표의 길이는 거의 0에 가까워진다.

A 긁어낸 곳 B 긁어낸 곳 C

그림 26. 오른쪽 방향성을 가진 화살표만 더해지고, 나머지 부분에서는 아예 반사가 일어나지 않도록 유리면을 긁어내면, 반사가 일어날 만한 위치가 아니었다 하더라도 거울에서는 정말로 반사가 일어난다. 이러한 거울을 '회절격자'라고 부른다.

이웃한 경로 간의 거리 차이는 작아진다(그림 25 참조). 이렇게 더욱 세분화된 거울을 대상으로 화살표를 그려보면, 대충 두 가지의 패턴으로 나타난다. 즉, 오른쪽으로 기울어진 화살표와 왼쪽으로 기울어진 화살표의 두 집단으로 나누어볼 수 있다. 이들을 모두 합성한다면 화살표들은 원을 그리며 제자리를 돌다가 원래 위치로 돌아온다. 다시 말해, 합성된 화살표의 길이가 거의 0에 가깝다.

그러나 그림 26과 같이, 화살표가 왼쪽 방향성을 갖는 곳의 유리면을 모두 긁어내어 반사가 일어나지 않게 만든다면, 반사가 일어나는 곳의 모든 화살표는 오른쪽 방향성을 갖게 된다. 이 화살표들을 모두 더하여(합성하여) 만든 최종 화살표는 분명히 무시할 수 없는 길이를 가지고 있다. 즉, 이런 경우에는 거울 끝 부분에서 강한 반사가 일어난다는 뜻이다. 이것이 과연 가능한 일인가? 그렇다. 가능한 일이다! 이렇게 부분적으로 반사면을 제거한 거울을 우리는 '회절격자'라고 부른다. 그리고 이 회절격자가 보여주는 마술과도 같은 현상들은 양자전기역학이 정립되기 이전의 물리학자들도 익히 알고 있던 현상이었다. 그러므로 이 경우에도 양자전기역학은 틀리지 않았다.

회절격자는 정말로 신기한 거울이다. 손에 거울조각을 들고 원하는 물건이 거울에 비쳐 보이도록 각도를 잘 조절했다 해도, 그것이 보통 거울이 아니라 조심스럽게 긁어낸 회절격자 거울이었다면 엉뚱한 풍경이 반사되어 눈에 들어올 것이다.*

방금 말한 회절격자는 붉은색 단색광을 반사하기에 적절하지만, 파란색 단색광에 대해서는 제대로 작동하지 못한다. 파란색 단색광의 광자를 측정하는 초시계는 붉은색 광자보다 초침이 빠르게 돌아가므로, 이 경우 회절격자를 만들려면 거울 면을 더욱 촘촘하게 벗겨내야 한다. 따라서 붉은 광선용 회절격자에 파란색 빛을 쪼이면 예상했던 방향으로 반사되지 않는다. 그러나 감지기를 조금 다른 방향에 갖다 놓으면 붉은 광선용 회절격자에 파란 빛을 쪼여도 반사된 결과를 감지할 수 있다. 이것은 물리적 원리라기보다는 우연의 일치로서, 그림 27에 표시한 기하학적 구조에 기인하는 것이다.

회절격자에 백색광(햇빛)을 쪼이면, 붉은 빛이 어떤 특정한 방향으

* *화살표가 오른쪽 방향성을 가진 부분을 긁어내어 왼쪽 방향성을 가진 화살표만이 더해지도록 만들 수도 있다. 이 두 가지 방향성을 가진 화살표들이 모두 더해져야 비로소 상쇄된다. 이것은 유리의 양면에서 일어나는 부분반사현상과 비슷하다. 각각의 면에서는 독립적으로 반사가 일어나지만 유리의 두께가 적당히 조절되면 이들은 모두 상쇄되어 결과적으로는 전혀 반사가 일어나지 않게 된다.*

로 반사되고, 그 바로 위쪽으로 오렌지색, 그 위에 노란색, 녹색, 파란색 등의 빛이 반사되어 무지개 빛을 만들어낸다. 규칙적으로 촘촘한 홈이 패어 있는 물건들, 예를 들어 콤팩트 디스크나 레이저 디스크의 표면에서 반사되는 아름다운 무지개 빛을 여러분도 본 적이 있으리라 믿는다. 또한 자동차가 주행하고 있을 때 붉은색에서 점차 파란색으로 변해가는 밝은 색상도 보았을 것이다. 이제 여러분은 그러한 현상이 일어나는 이유를 알게 되었다. 콤팩트 디스크나 자동차의 유리가 일종의 회절격자 역할을 한 것이며, 여러분은 거기서 반사된 빛이 눈으로 들어올 만한 적당한 위치에 있었던 것이다.

태양도 엄연히 하나의 광원이며, 여러분의 눈은 일종의 감지기라 할 수 있다. 레이저나 홀로그램의 작동 원리도 이와 비슷한 원리로 설명할 수 있지만, 관심이 없는 청중들을 귀찮게 하고 싶지 않고, 또 앞으로 해야 할 이야기도 많이 남아 있으므로 생략하겠다.*

어쨌거나 회절격자의 성질로 미루어볼 때, 거울의 모든 곳에서 반사가 일어나는 것은 분명한 사실이다. 거울의 표면에 세밀한 조작을 해

* *천연적으로 존재하는 회절격자에 대해서는 짚고 넘어갈 필요가 있다. 그 대표적인 예가 바로 소금이다. 소금의 결정은 나트륨과 염소원자가 일정한 규칙에 따라 질서정연하게 배열된 형태이다. 따라서 소금 결정의 표면에는 규칙적인 굴곡이 세밀하게 형성되어 있으며, 여기에 X-선을 쪼이면 회절격자 역할을 하게 된다. 소금 결정의 표면에서 반사된(정확한 용어로는 '회절된') X-선이 도달하는 위치를 찾아내면, 이로부터 우리는 역으로 소금 결정의 표면에 나 있는 굴곡의 간격을 알 수 있다. 즉, 나트륨원자와 염소원자 사이의 간격을 계산할 수 있는 것이다(그림 28 참조). X-선 역시 빛의 일종이라는 사실을 확인할 수 있으며 동시에 이 방법을 통해 모든 결정의 미세 구조를 알아낼 수 있다. 이러한 실험이 처음으로 행해진 것은 1914년이었는데, 그것은 최초로 분자의 세부 구조를 규명한 매우 획기적인 실험이었다.*

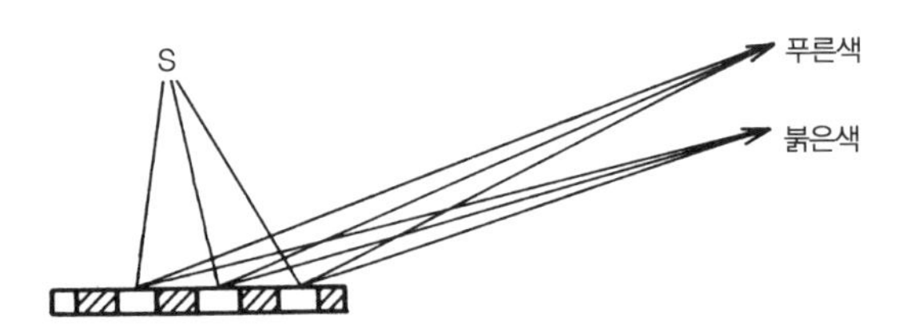

그림 27. 붉은색 단색광을 회절시켜 관측자의 눈에 들어오도록 만들어진 회절격자에 다른 색상의 단색광을 비추어도, 관측자의 위치를 조금 바꾸기만 하면 역시 회절격자가 제 역할을 한다. 컴팩트 디스크의 표면에서 여러 가지 색상의 빛이 보이는 것도 이러한 성질에서 기인하는 현상이다.

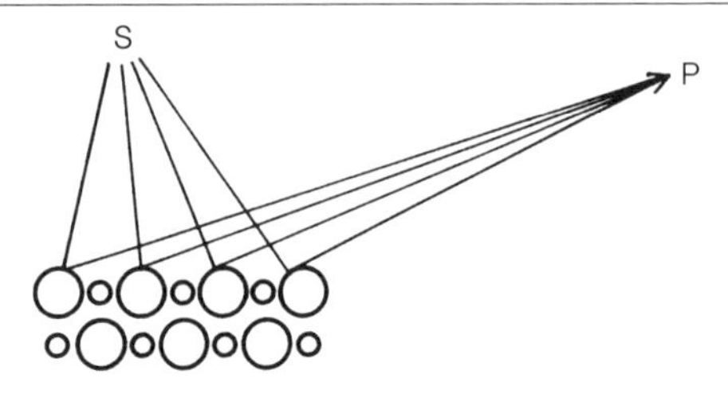

그림 28. 다양한 결정 구조를 갖고 있는 여러 가지 물질들도 일종의 회절격자로 볼 수 있다. 소금 결정의 표면에 X-선을 비추면(X-선을 측정하는 상상의 초시계는 엄청나게 빠른 속도로 돌아간다. 그 회전 속도는 가시광선을 측정하는 초시계보다 10,000배 정도 빠르다), 소금을 이루고 있는 원자의 정확한 배치와 원자들 사이의 간격을 알아낼 수 있다.

놓으면 이러한 사실로 인해 매우 신기한 광학적 현상들을 관측할 수 있다.

더욱 중요한 것은, 빛이 거쳐 갈 수 있는 모든 경로마다 길이가 0이 아닌 화살표들을 합성하여 최종 화살표, 즉 '광원 S에서 나온 빛이 거울의 어디에서건 반사되어 감지기 P에 도달할 확률' 을 올바르게 구하고자 할 때는, 우리가 생각하는 거울의 중요한 부분(거울의 중앙 부분)만 아니라, 가장자리에 해당되는 화살표들까지 모두 합성해야 올바른 결과를 얻을 수 있다!

양자전기역학이 설명하는 굴절현상

자, 지금부터는 회절격자보다 좀더 우리에게 익숙한 빛의 성질에 대해 알아보기로 하자. 공기 속을 진행해 나가던 빛이 물속으로 투과해 들어갈 때 생기는 현상, 이른바 '굴절현상'이 그 대표적인 예라고 할 수 있다. 이 실험에서 사용된 광전증폭기는 물속에 설치되어 있다(물속에서도 잘 작동되는 광전증폭기가 과연 있을까? 돈이 많이 들어서 그렇지 만들 수는 있다. 우리가 쓰는 광전증폭기는 그렇게 비싼 물건이라고 가정하자). 광원은 공기 중의 S위치에 놓여 있고 감지기는 물속의 D지점에 설치되어 있다.(그림 29 참조)

이제, 광원을 출발한 광자가 감지기(광전증폭기)에 도달할 확률을 계산해보자. 이를 위해서는 빛이 진행할 수 있는 모든 가능한 경로들을 다 고려해야 한다. 각각의 경로에 해당되는 화살표는 거울에서 반사하던 경우와 마찬가지로, 거의 비슷한 길이를 갖는다. 이 경우에서도 우리는 개개의 경로를 거쳐 가는 데에 소요되는 시간을 그래프로 그려볼 수 있다. 그리고 그 그래프는 바로 앞서 그렸던 그래프와 매우 비슷하다. 높은 곳(시간이 많이 걸리는 곳)에서 출발하여 아래로 내려오다가 다시 올라간다. 중요한 부분은 이웃한 경로와 시간 차이가 많이 나지 않는 부분, 즉 화살표의 방향이 거의 비슷한 부분인데, 그곳은 바로 곡선의 제일 아랫부분이다. 그리고 그곳에서 소요시간은 최소가 된다. 따라서 우리가 해야 할 일이란 최단시간이 걸리는 경로를 찾아내는 것이다.

물속에서 빛의 진행 속도가 공기 중에서보다 느리다는 것은 잘 알려진 사실이다(이에 대한 자세한 이유는 다음 강연 때 설명할 예정이다). 말하자면 빛은 공기 중에서보다 물속에서 더 비싼 세금을 내고 있는 셈이다. 이 점을 고려하면 최단시간이 걸리는 경로를 쉽게 찾아낼 수 있다. 이 문제를 좀더 쉽게 이해하기 위해, 한여름의 해수욕장으로 가보자. 당신이 모래사장 S지점에서 바다를 살피는 인명구조원이라고

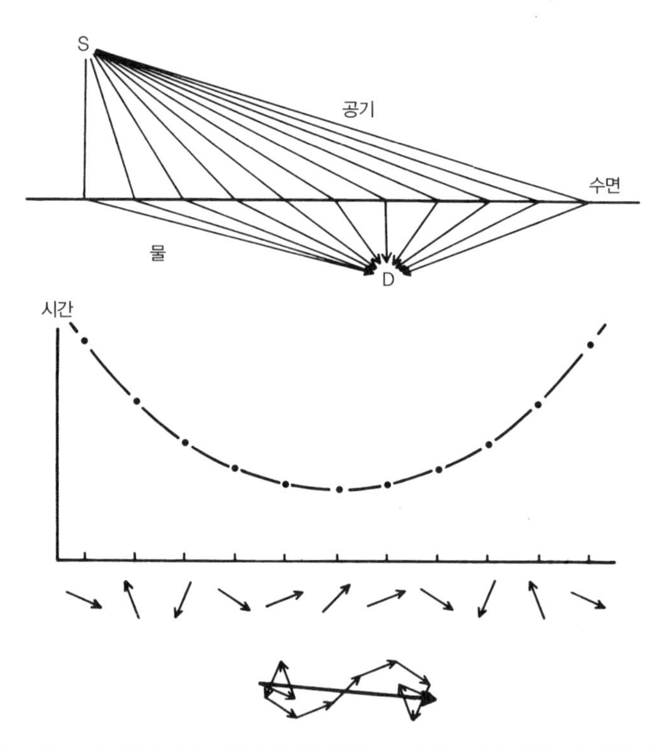

그림 29. 양자론에 의하면 빛은 다양한 경로를 통해 물속의 감지기에 도달할 수 있다. 거울의 경우처럼 문제를 단순화시키면, 각 경로에 소요되는 시간과 해당 화살표의 방향을 그릴 수 있다. 이 경우에도 최종 화살표의 길이는 주로 방향이 거의 비슷한 화살표들에 의해 생겨난다. 방향이 거의 비슷한 화살표들은 소요시간이 거의 비슷한 경로들을 나타내며, 최단시간이 걸리는 경로는 이들 중에 포함되어 있다.

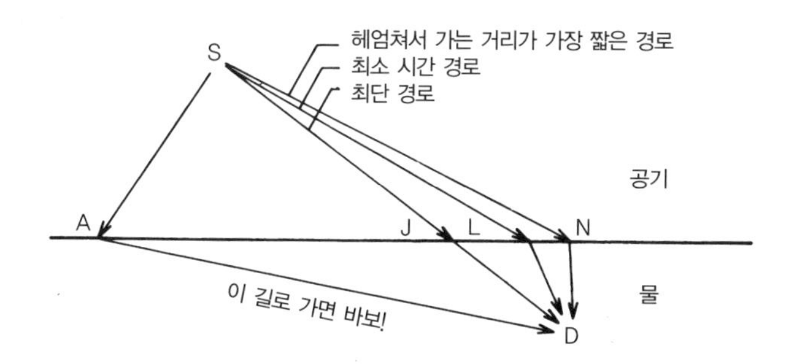

그림 30. 빛이 최단시간 경로를 찾는 일은 해수욕장에서 사람을 구할 때 최단시간 경로를 찾는 것과 같은 원리이다. '최단거리 경로'는 거리상으로 짧지만 물속에서 오래 가야 한다. 뛰는 속도는 분명히 헤엄쳐 가는 속도보다 빠르기 때문에, 이 두 가지가 적절하게 상호보완된 지점이 바로 최단시간 경로이다.

상상해보라. 그리고 바다의 D지점에서 아주 예쁜 여인이 물에 빠져 허우적대고 있다(그림 30 참조). 당신은 물속에서보다 모래사장에서 더 빠른 속도로 갈 수 있다. 수영보다는 달려가는 것이 훨씬 빠르다. 그러나 일단 물속으로 들어가면 당신은 더 이상 뛰어가지 못한다. 그곳에서부터는 수영을 하면서 가야 한다. 그리고 당신은 가능한 한 빨리 그녀를 구해야 한다. 그렇다면 가장 빠른 시간 내에 사고 지점까지 가려면 해변의 어느 지점을 거쳐 가야 하는가? A지점까지 달려간 후 그곳에서부터 헤엄을 쳐서 D로 갈 것인가? 그럴 사람은 없다. 그러나 똑바로 사고 지점을 향해 뛰어가다가 J지점에서부터 헤엄쳐 가는 것도 최단시간이 걸리는 경로가 아니다. 물론, 이런 상황에서 최단시간 경로를 일일이 계산해보는 인명구조원은 분명 사람 잡는 바보일 것이다. 하지만 이론적으로 최단시간 경로를 계산해낼 수 있다. 즉, S지점과 D지점을 연결한 직선상의 J지점과, 물속 진행 거리가 최소인 N지점 사이의 어딘가를 거쳐 가는 것이 최단시간 경로이다. 즉, 손해를 보지 않는 한도 내에서 가능한 한 뛰어가는 거리를 늘이고 헤엄쳐 가는 거리를 줄여야 최단시간에 미녀를 구해낼 수 있다. 빛의 경우에도 사정은 마찬가지이다. J와 N사이, 예컨대 L지점을 거쳐 가는 것이 최단시간 경로가 된다.

빛에 의해 일어나는 현상 중에서 우리에게 친숙한 것으로는 이외에 아지랑이를 들 수 있다(그림 31 참조). 여러분이 차를 타고 햇볕을 오래 받아 매우 더워진 도로 위를 달릴 때, 도로면에 물이 고인 것처럼 아른거리는 광경을 종종 보았을 것이다. 그 아른거리는 형체는 과연 무엇인가? 그것은 다름 아닌 하늘의 모습이다! 물론, 도로 면에 물이 고여 있다면 그 수면에 하늘이 비쳐 보일 것이다. 그러나 물도 고여 있지 않는 노면에서 웬 하늘이 보인단 말인가? 아지랑이 현상을 이해하

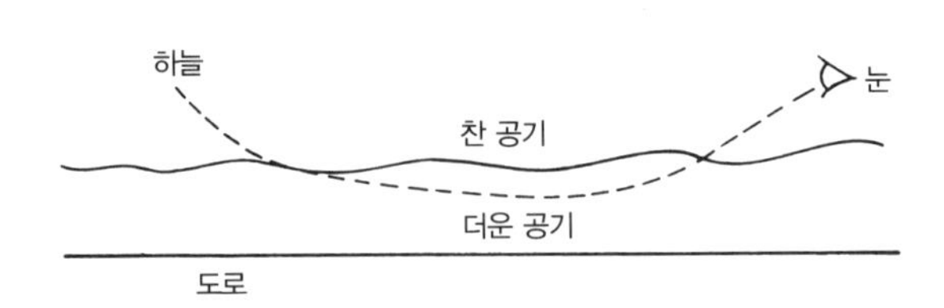

그림 31. 최단시간 경로를 따라 진행하는 빛의 성질을 이용하여 아지랑이가 나타나는 현상을 설명할 수 있다. 공기의 온도가 높을수록 그 속에서 진행하는 빛의 속도는 빨라진다. 따라서 빛이 온도가 다른 공기층을 통과하면서 굴절하여 하늘의 영상이 도로면에 맺힌 듯이 보이는 것이다. 노면에 물이 고여 있으면 거기 하늘이 비쳐 보인다. 그러므로 하늘의 모습을 보여주는 아지랑이도 우리 눈에는 물이 고여 있는 것처럼 보인다.

려면 공기의 온도에 따라 빛의 속도가 다르다는 사실을 알아야 한다. 더운 공기보다 찬 공기 속에서 빛은 더 느려진다. 그리고 아지랑이가 눈에 보이려면 노면 위에 더운 공기층이 있어야 하고, 관측자는 그 위에 형성된 차가운 공기층에 있어야 한다. 최단시간 경로를 찾는 일이, 도로 바닥에 비쳐 보이는 하늘과 무슨 관계가 있을까? 한번쯤 생각해 볼 만한 문제이다. 여러분 각자가 집에서 생각해보기 바란다. 그다지 어려운 문제는 아니다.

생각하는 광자 : 지름길을 찾아서

거울에서의 반사와 물속에서의 굴절현상을 설명할 때, 나는 문제를 단순화시키기 위하여 약간 근사적인 접근을 했다. 나는 빛의 경로를 두 개의 직선으로 표현했다. 그리고 두 직선 사이에는 하나의 각도가 주어진다. 그러나 빛이 공기나 물속을 지나갈 때 반드시 직선 경로를 따라간다는 법은 없다. 빛의 경로를 정확하게 계산하려면, 양자전기역학의 일반적 법칙에 따라 모든 가능한 경로에 대한 화살표를 그리고 그들을 모두 더해 최종 화살표를 구해야 한다.

그럼에도 불구하고 빛은 우리 눈에 항상 직진하는 것처럼 보인다. 지금부터 나는 새로운 예제로서 조그만 화살표들을 합성하여 그 이유를 설명하고자 한다. 그림 32와 같이 S위치에 광원을 놓고 P에 감지기를 설치해 두었다고 하자. 광원을 출발한 광자들은 그림과 같이 꾸불꾸불한 길을 포함한 모든 가능한 경로를 임의로 지나갈 수 있다. 이제 각각의 경로에 대하여 조그만 화살표를 그려보자. 화살표를 그리는 일은 어느 정도 익숙해졌으리라 믿는다.

모든 경로마다 그 근처에서 그보다 좀더 가까운 경로가 있다. 경로 A를 예로 들어보자. 그 바로 옆에는 A보다 조금 더 '직선에 가까운' 짧은 경로가 있다. 이 짧은 경로는 A경로보다 소요시간도 짧다. 그러나 경로가 거의 직선에 가까운 C경로의 경우에는, 그 근처에서 C보다 짧은 경로와 비교할 때 경로의 길이 차이가 별로 없다. 바로 이 근처에

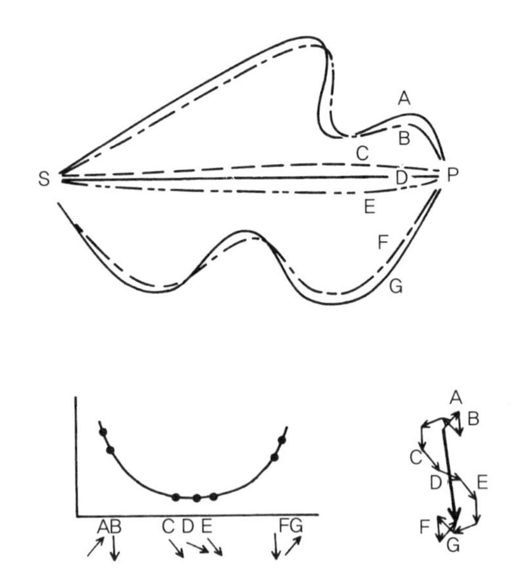

그림 32. 빛이 직진하는 이유 역시 양자론적으로 설명할 수 있다. 가능한 모든 경로를 다 고려했을 때, 구불구불한 경로와 그 주변의 경로를 비교해보면 소요시간의 차이가 크다(따라서 화살표의 방향도 크게 다르다). 그러나 경로 D와 같이 직선에 가까운 경로들은 그 주변의 경로와 차이가 거의 없으므로 이 근처에서 화살표는 거의 같은 방향을 갖는다. 따라서 최종 화살표의 길이는 주로 경로 D 근방의 화살표들에 의해 좌우되며, 그 결과 빛은 직진하는 듯이 보이게 된다.

서 화살표는 거의 같은 방향을 가지며, 그들을 합성하여 얻어지는 최종 화살표의 길이는 주로 이 부분에서 생긴다. 그래서 빛이 직진하는 것처럼 보이는 것이다.

경로 D는 물론 가장 빠른 직선 경로이긴 하지만, (그림 32) 경로 D를 거쳐 갈 확률을 나타내는 조그만 화살표의 길이는, 광자가 광원 S에서 출발하여 감지기 P로 도달할 전체 확률보다 작다. 거의 직선에 가까운 경로 C나 E 근처의 경로들도 전체 확률에 중요한 공헌을 하고 있다. 따라서 빛은 분명히 직선 경로만을 따라가지 않는다. 광자는 자신이 가야할 길을 여기저기 냄새 맡아보고, 그 중에서 가장 짧은 편에 속하는 경로들을 '집중 공략' 하는 것이다(빛을 반사하는 거울의 경우에도, 거울은 어느 정도 크기가 되어야 정상적인 반사를 할 수 있다. 광자가 집중 공략하는 경로들을 모두 포함하지 못할 정도로 거울의 크기가 작다면, 그 거울은 엉뚱한 짓을 하게 된다. 즉, 어떤 위치에 거울을 놓더라도 빛을 사방팔방으로 산란시키는 것이다).

광자가 집중 공략하는 중심부의 경로들을 좀더 자세히 관찰해보자. S에 있는 광원과 P에 있는 광전증폭기 사이에 블록 두 개를 설치해두면, 먼 길을 돌아 감지기로 도달하는 경로들이 대부분 제거된다(그림 33 참조). 이제 감지기 P의 아래 위치에 또 하나의 감지기 Q를 설치해 둔다. 그리고 문제의 단순화를 위해 광원 S에서 감지기 Q로 도달하는 광자들은 그림과 같이 꺾어진 직선 경로를 따라간다고 하자. 과연 어떤 일이 벌어질 것인가? 두 블록 사이의 간격이 충분히 커서, P나 Q에 도달할 광자들이 집중 공략할 경로가 그 안에 충분히 포함되어 있다

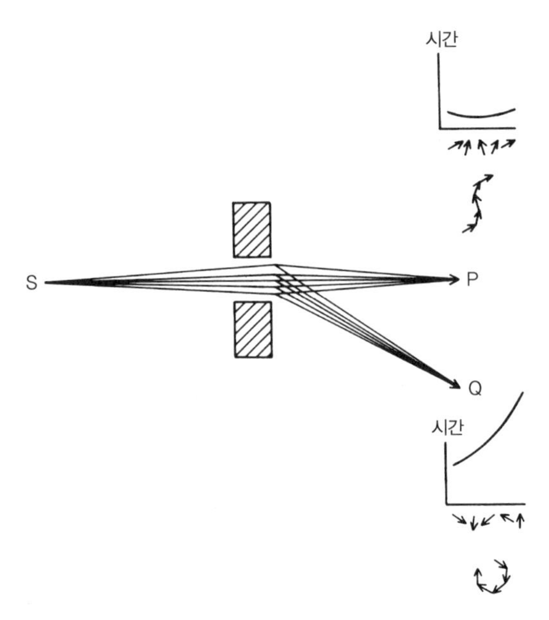

그림 33. 빛은 직선 경로만을 따라가는 것이 아니라, 그 주변의 경로를 통해 가기도 한다. 두 개의 블록이 멀리 떨어져 있으면 그 사이로 통과하는 빛은 주변 경로를 따라갈 수도 있으므로 직진성을 잃지 않는다. 즉, 대부분의 광자는 광전증폭기 P에 도달하고, Q로는 거의 도달하지 않는다.

면, P로 도달하는 경로의 확률은 서로 더해지고(이웃한 경로 간의 거리 차가 거의 없으므로), Q에 도달하는 경로의 확률은 상쇄된다(이웃한 경로 간의 시간 차가 크기 때문이다). 따라서 감지기 Q는 '딱!' 소리를 거의 내지 않을 것이다.

그러나 블록 사이의 간격을 점점 좁혀 나가다가 어느 시점에 이르면 감지기 Q에서 '딱!' 소리가 들리기 시작한다. Q에 위치한 광전증폭기로 드디어 광자가 도달하는 것이다! 블록의 틈이 더욱 작아져서 가능

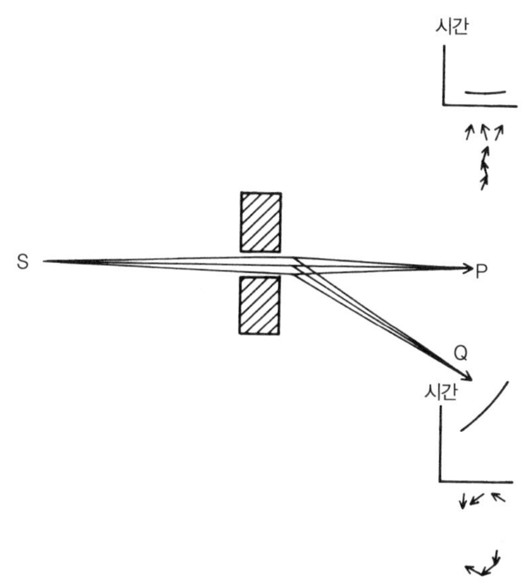

그림 34. 블록의 간격을 좁혀서 몇 개의 경로만이 그 틈을 통과할 수 있도록 만들면 P와 Q에 도달할 확률은 거의 같아진다. 왜냐하면 Q로 향하는 경로의 수가 몇 개 되지 않아서 화살표들이 상쇄되지 않기 때문이다.

한 경로가 몇 개 정도로 제한된다면 Q에 이르는 경로들도 더 이상 상쇄되지 않고 서로 더해진다. 왜냐하면 그 몇 개의 경로들은 너무나 가까이 있어서 길이의 차가 거의 없기 때문이다(그림 34 참조). 물론, 최종 화살표는 그다지 길지 않지만 P와 Q에 도달하는 광자의 수는 거의 비슷해진다! 그러므로 빛이 직진한다는 사실을 증명해 보려고 지극히 작은 구멍으로 빛을 통과시키면, 빛은 더 이상 실험에 협조를 안 하고 이리저리 퍼져버리는 것이다.*

* *이것은 '불확정성원리'를 보여주는 한 예이다. 빛이 두 블록 사이의 '어느 곳'을 통과해 왔는지를 아는 것과, 그 후에 빛이 '어떤 방향'으로 갈 것인지를 아는 것은 '상보적' 관계에*

돋보기의 원리

지금까지 살펴본 바와 같이, '빛은 직진한다' 고 말하는 것은 우리에게 친숙한 현상을 편의에 따라 대충 서술한 것에 지나지 않는다. 거울에서 빛이 반사될 때 입사각과 반사각이 같다고 말하는 것도 이와 마찬가지이다.

앞에서 우리는 빛이 거울의 모든 곳에서 실제로 반사되고 있다는 사실을 교묘한 실험을 통해 증명할 수 있었다. 빛이 직진하지 않고 가능한 경로를 모두 거쳐 간다는 것도 여러 가지 방법으로 증명할 수 있다.

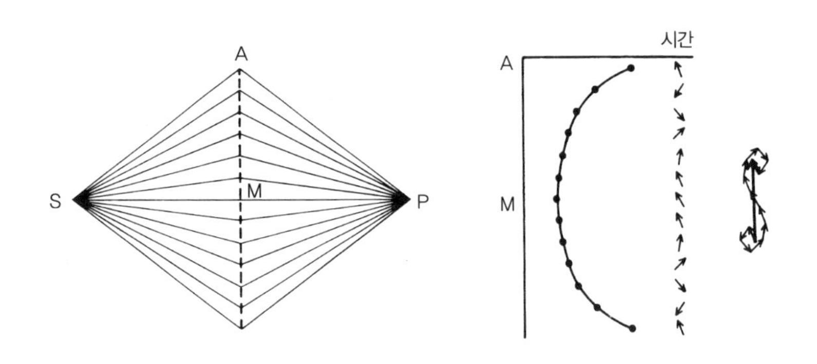

그림 35. S에서 P로 도달하는 모든 경로들을 꺾어진 직선으로 단순화시켜서 생각해보자. 복잡한 경로들을 모두 포함시킨다 해도 결과는 달라지지 않는다. 이 경우에도 최종 화살표의 길이에 많은 기여를 하는 최단시간 경로 군이 존재한다.

있기 때문에 두 가지 모두 정확하게 아는 것은 불가능하다. 양자역학이 처음 소개되어 일대 혁명을 일으켰을 때, 사람들은 여전히 구식 사고방식(빛은 직진한다는 생각 등 …)으로 그것을 이해하려고 하였다. 그러나 어느 단계에 이르면 구식 사고방식으로는 더 이상 버티지 못하게 된다. 여러분도 구식 사고방식을 버리고 '화살표를 더하는' 나의 강의를 받아들인다면 불확정성원리조차도 필요 없다는 사실을 알게 될 것이다!

우선 문제를 좀 단순하게 만들기 위해 광원 **S**와 감지기 **P** 사이에 세로 방향으로 점선을 그려보자(그림 35참조). 이 점선은 아무런 뜻도 없다. 그저 편의상 그려놓은 보조선에 불과하다. 그리고 **S**와 **P** 사이를 연결하는 수많은 경로들 중에서 단 2개의 직선으로 연결된 경로만을 생각해보자. 그리고 이전에 실행했던 실험과 마찬가지로 각각의 경로에 소요되는 시간을 그래프로 그린다.(이번에는 세로로 그려놓았다) 곡선은 **A**지점에서 시작하여 왼쪽으로 치우치다가 **M**지점을 지나면 다시 오른쪽으로 커진다. 왜냐하면 **M** 근방을 지나는 경로가 다른 경로들보다 짧기 때문이다.

이제 재미있는 다른 장난을 쳐보자. 각각의 경로에 소요되는 시간이 모두 같아지도록 만드는 것이다. 한마디로 '빛' 을 '바보로 만들어' 버리는 거다. 어떻게 그런 일이 가능할 것인가? **M**을 지나는 최단 경로에 소요되는 시간과 변두리의 **A**를 지나는 긴 경로에 소요되는 시간이 어떻게 같아질 수 있다는 말인가?

물속에서 빛의 속도는 공기 중에서의 속도보다 분명히 느리다. 그리고 유리 속에서는 더 느리다.(다루기도 훨씬 쉽다!) 그러므로 최단 경로 **M**이 지나가는 길목에 적당히 두꺼운 유리를 갖다 놓으면, 유리를 통과하는 동안 시간을 소모하여 유리의 방해 없이 경로 **A**를 거쳐 오는 경우와 정확하게 같은 시간이 걸리도록 만들 수 있다. 경로 **M**의 바로 옆을 지나는 경로에도 유리를 갖다 놓되, 이 경로는 원래 **M**경로보다 조금 길었으므로 장애물로 작용하는 유리의 두께는 조금 얇아야 한다(그림 36 참조). 경로가 **A**에 가까워질수록 유리의 두께를 적당히 줄여

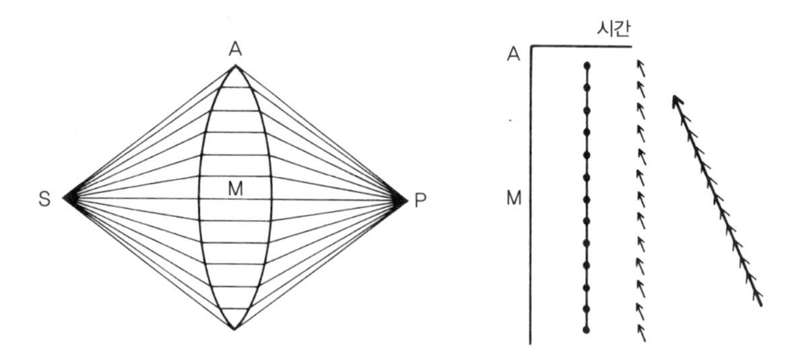

그림 36. 각각의 경로에 소요되는 시간이 모두 같아지도록 사이에 유리를 끼워놓는다. 시간이 적게 걸리는 경로일수록 유리가 두꺼워야 한다. 그러면 모든 경로에 대하여 화살표의 방향이 같아져서 최종 화살표는 매우 길어진다. 이런 역할을 하는 유리 조각이란, 다름 아닌 '볼록 렌즈'이다. 그것은 빛이 S에서 P로 도달할 확률을 극대화시킨다.

나가면, 결국 각 경로에 소요되는 시간이 모두 같아질 것이다.

이렇게 인위적인 조작을 해놓은 후에 각 경로마다 해당되는 화살표를 그려보면, 일제히 같은 방향을 향하고 있다. 화살표의 방향은 초시계의 초침이 결정하고, 모든 경로는 소요시간이 같기 때문에, 이것은 당연한 결과이다. 따라서 이들을 합성하면 엄청나게 긴 최종 화살표가 생긴다. 물론, 여기서 내가 말하고 있는 유리란 다름 아닌 렌즈를 뜻한다. 여러분들도 이미 짐작하고 있었을 것이다. 모든 경로의 소요시간을 똑같게 만들어 놓으면 빛은 결국 한 점으로 모인다. 즉, 특정한 위치(렌즈의 초점)에는 빛이 집중적으로 도달하고 그 외의 위치에 빛이 도달할 확률은 거의 0이 되는 것이다.

복합적인 사건의 확률 : 화살표의 곱셈

지금까지 나는 몇 가지 예를 통하여, 양자전기역학이 그렇게 터무니없고 인과법칙이나 실제성도 없으면서 어떻게 우리에게 친숙한 자연현상을 이론적으로 규명할 수 있는지, 그 이유를 설명하였다. 빛이 거울에서 반사되고 물속에서는 굴절하며, 또 렌즈를 통해 한 점에 모이게 되는 등등의 이유를 양자전기역학은 나름대로의 논리로 완벽하게 설명해낸 것이다. 그것은 또한 여러분과 친숙하지 않은 자연현상들, 예컨대 회절격자나 그 외의 빛의 다른 성질들까지도 잘 설명해주고 있다. 실제로, 양자전기역학은 빛에 관한 '모든' 현상들을 매우 성공적으로 규명해냈다.

또한 사건이 일어날 수 있는 확률의 계산법도, 몇 가지 예를 통하여 설명하였다. 즉, 사건이 일어날 수 있는 모든 가능한 경우에 대하여 각각의 경우에 해당하는 작은 화살표를 그린 다음, 그 화살표들을 모두 더하여(합성하여) 최종 화살표를 만든다. '더한다' 는 말의 뜻은 화살표의 머리와 다른 화살표의 꼬리를 잇는다는 뜻이다. 이렇게 만들어진 최종 화살표의 길이를 제곱한 값은 바로 그 사건이 '어떤 방법으로든' 일어날 확률이 된다.

그러나 양자전기역학의 진수를 맛보려면, 역시 '복합사건' 의 확률을 계산해봐야 한다. 복합사건이란, 독립적으로 일어날 수 있는 일련의 사건들이 어떤 특정한 순서로 일어나는 전체 사건을 말한다.

복합사건의 한 예를 구체적으로 들어보자. 유리의 윗면에서 부분반사된 붉은 빛을 감지했던 첫 번째 실험 장치를 조금 수정하면 된다. A

지점에 광전증폭기를 설치하는 대신에(그림 37 참조), 조그만 구멍이 뚫려 있는 스크린을 장치하여 정확하게 A지점에 도달한 광자만이 스크린을 통과할 수 있도록 만든다. 그리고 B지점에 또 하나의 유리판을 갖다 놓고 C지점에 광전증폭기를 설치해둔다. 자, 준비는 끝났다. 이제 광원 S를 출발한 광자가 광전증폭기 C에 도달할 확률을 계산하는 일이 남았다. 이 복잡한 상황에서 어떻게 확률을 계산할 것인가?

우리는 이 사건을 다음과 같이 두 단계로 나누어 생각해볼 수 있다.

1단계 : 광원을 출발한 광자가 아래에 있는 유리의 윗면에서 부분반사되어 A지점에 이른다.

2단계 : A를 통과한 광자가 유리판 B의 양면에서 반사되어 광전증폭기 C에 도달한다.

각각의 단계에는 그에 해당하는 최종 화살표가 있다. 그리고 두 개의 최종 화살표는 지금까지 우리가 알고 있는 법칙에 의거하여 그릴 수 있다. 1단계에 해당되는 화살표의 길이가 0.2이고(0.2를 제곱하면 0.04, 즉 유리의 한 쪽 면에서 부분반사되는 확률이 된다) 어떤 특정한 방향을 가리키고 있을 것이다. 편의상 그 방향을 2시 방향이라고 하자(그림 37 참조).

2단계의 확률진폭('화살표'를 전문용어로 이렇게 부른다)을 구하기 위해, 잠시 광원을 A위치로 옮겨 놓고 위쪽에 있는 B유리를 향해 광자를 쏘아보자. 이 경우, 아랫면 반사와 윗면 반사에 해당되는 화살표를 그린 후 이들을 합성하면 최종 화살표가 얻어진다(이 작업은 앞에서 이미 다루었으므로 자세한 설명은 생략하겠다). 이렇게 만들어진 화살표의 길이는 0.3이고 5시 방향으로 가리키고 있다고 하자.

전체 사건이 일어날 확률을 구하려면, 1, 2단계에서 얻어진 두 개의

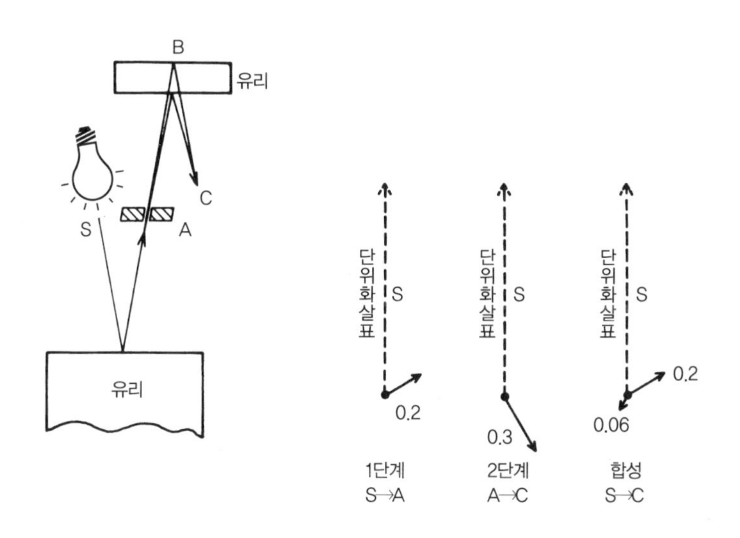

그림 37. 복합적인 사건은 여러 사건들이 연속적으로 일어나는 형태로서 이해할 수 있다. 광자가 광원 S를 출발하여 C에 도달하는 사건도 일종의 복합사건이다. 이를 두 개의 단계로 나누어 생각해보자. 1) S를 출발한 광자가 A에 도달한다. 2) A를 통과한 광자가 C에 도달한다. 이 두 가지 단계는 서로 아무런 관계가 없는 독립사건이므로, 해당 화살표 역시 독립적으로 만들어진다. 화살표는 길이가 1이고 12시 방향을 가리키고 있는 단위화살표에서 시작하여 각 단계를 거치면서 수축과 회전을 반복하여 얻을 수 있다. 1단계에서는 길이가 0.2배로 수축되면서 방향도 2시 방향으로 돌아간다. 그리고 2단계에서는 길이가 0.3배로 수축되면서 5시 방향으로 돌아간다. 이로부터 최종 화살표를 구하려면 먼저 단위화살표를 0.2배로 수축시켜 2시 방향으로 돌리고, 그것을 다시 단위화살표로 간주하여 0.3배로 수축시켜 5시 방향만큼 돌린다. 그 결과 최종 화살표는 길이가 0.06(0.2×0.3)이며, 7시(2시+5시) 방향을 가리키고 있다. 이렇게 연속적으로 화살표를 수축, 회전시키는 작업을 '화살표의 곱셈'이라고 부른다.

화살표를 어떻게 합성해야 하는가?(물론, 지금까지 해왔던 방식대로 두 개의 화살표를 더하는 것은 올바른 방법이 아니다. 주사위를 던졌을 때 '2' 라는 숫자가 나올 확률은 1/6이지만, 두 개의 주사위에서 모두 '2' 가 나올 확률은 1/6+1/6 = 1/3과 같은 식으로 계산하지 않는다. 두 개의 주사위는 서로 아무런 영향을 미치지 못하는 독립사건이므로, 올바른 확률을 구하기 위해서는 각각의 확률을 곱해야 한다. 즉 1/6×1/6 =1/36이 올바른 확률이다. 지금부터 설명하려는 것은 바로 이와 같은 화살표의 '곱셈' 법칙이다.) 이제부터 우리는 화살표를 '수축' 과 '회전' 이라는 새로운 시각으로 보아야 한다.

이 실험에서, 첫 번째 확률진폭은 길이가 0.2이고 방향은 2시 방향이었다. 길이가 1이고 12시 방향을 가리키고 있는 '단위화살표' 에서 시작한다면, 첫 번째 화살표는 단위화살표의 길이를 0.2로 수축시킨 후 2시 방향으로 회전을 시켜서 얻어낼 수 있다. 두 번째 화살표 역시 단위화살표의 길이를 1에서 0.3으로 수축시킨 후, 그것을 5시 방향으로 회전시키면 얻어진다.

복합사건의 경우 두 개의 화살표를 합성하는 방법도 이와 비슷해진다. 먼저 길이가 1인 단위화살표를 0.2배로 축소시키고, 그것을 12시 방향에서 2시 방향으로 회전시킨다. 이것은 방금 말한 것과 같다. 그 다음, 축소된 화살표의 길이를 다시 0.3배로 축소시키고, 12시~5시 사이의 각도만큼 또 회전을 시킨다. 즉, 2시 방향에 있던 화살표를 7시 방향으로 돌린다. 이렇게 해서 얻어진 최종 화살표는 길이가 0.06이고 방향은 7시 방향이 된다. 이 최종 화살표가 나타내는 확률은 0.06

×0.06 = 0.0036이다.

이 작업을 주의 깊게 관찰해보면, 결국 최종 화살표의 각도(방향)는 각 화살표의 각도를 더한 값이 되고(2시+5시), 길이는 각 화살표의 길이를 곱한 값이다(0.2×0.3). 각도가 더해지는 이유는 간단하다. 화살표의 방향은 초시계의 초침에 의해 정해지는데, 이 복합사건이 일어나는 데 소요되는 전체 시간을 더한 것과 같기 때문이다.

이 과정을 가리켜 '화살표의 곱셈' 이라고 부르는 데에는, 다고 복잡하긴 하지만 매우 재미있는 이유가 있다. 잠시 본론에서 벗어나 고대 그리스인들의 관점으로 곱셈이라는 연산을 생각해보자. 그리스인들은 정수가 아닌 숫자를 도입하기 위하여 숫자를 선의 길이로 표시하였다. 모든 숫자는 길이가 1인 단위선을 늘이거나 수축하여 만들어질 수 있으며, 이러한 작업을 변환이라고 부른다. 예를 들어 선 A가 단위선 이라면(그림 38 참조), B선은 2를, 그리고 C선은 3을 뜻한다.

그렇다면 3에다 2를 어떻게 곱할 것인가? 잡아 늘이거나 수축시키는 변환을 연속적으로 하면 된다. 단위선인 A에서 시작하여 그것을 3배의 길이로 늘이고, 늘인 결과를 다시 2배로 늘인다(2배로 먼저 늘인 후 그것을 다시 3배로 늘여도 결과는 같다. 이것이 이른바 '교환법칙' 이다). 그 결과로서 우리는 길이가 6인 D선을 얻는다. 그렇다면, 1/2에 1/3을 곱할 때는 어떻게 해야 하는가? 이번에는 D선을 단위선으로 간주하여 그것을 1/2로 축소시키고(C선), 다시 그것을 1/3로 축소시키면 된다. 그 결과로 우리는 A선을 얻게 되며 그것이 나타내는 숫자는 1이 아니라 1/6이다.

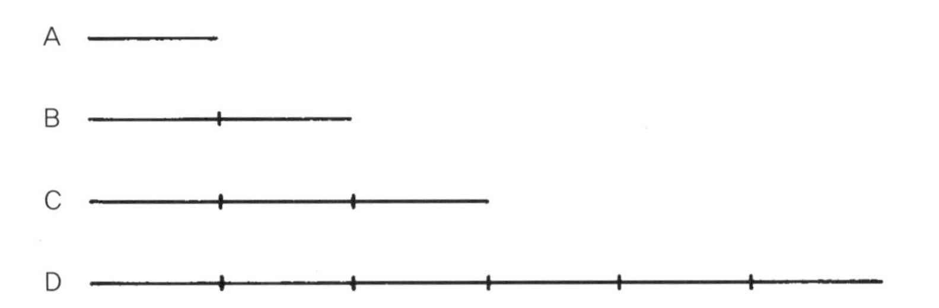

그림 38. 모든 숫자는 길이가 1인 단위선분을 늘이거나 수축시켜 만들어낼 수 있다. A를 단위성분이라 하면 B는 2, C는 3이라는 숫자를 뜻한다. 선분의 곱셈은 단계적 변환을 거쳐 실행할 수 있다. 예를 들어, 숫자 3에 2를 곱하려면 먼저 단위 선분을 3배로 늘려서 3을 만들고 그것을 다시 2배로 늘린다(D). 선분 D를 단위선분으로 간주한다면 C는 1/2, B는 1/3을 뜻한다. 1/2에 1/3을 곱한다는 것은 단위선분 D의 길이를 1/2로 수축시킨 후 그것을 다시 1/3로 수축시켜서 길이가 1/6인 선분(A)을 만든다는 것이다.

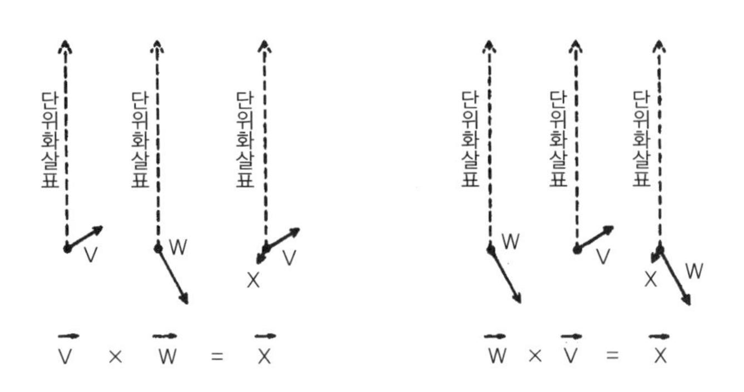

그림 39. 수학자들은 화살표의 곱셈도 단위화살표의 변환(수축, 회전)으로 표현할 수 있다는 사실을 알아냈다. 화살표의 곱셈은 연속적인 변환을 통해 이루어진다. 보통 숫자의 곱셈과 마찬가지로 곱하는 순서는 바꿔도 상관없다. W에 V를 곱하여 X를 얻었다면, V에 W를 곱해도 같은 결과인 X를 얻는다.

화살표를 곱하는 방법도 이와 같다(그림 39 참조). 즉, 단위화살표에서 시작하여 차례로 수축, 회전을 반복하면 된다. 화살표 **V**에 화살표

W를 곱하려면 먼저 단위화살표를 수축, 회전시켜서 V를 만들고, 이 화살표를 단위화살표로 간주한 상태에서 W화살표만큼 다시 수축, 회전시킨다. 물론 W를 먼저 만들고 여기에 V만큼 수축, 회전시켜도 결과는 같다. 따라서 화살표의 곱셈은, 보통 숫자의 곱셈과 마찬가지로 연산의 기본법칙을 그대로 따른다.*

다시 보는 반사현상 : 복합적 사건

화살표들을 연속적으로 수축, 회전시키는 이 과정을 염두에 두고 우리의 첫 번째 실험, 즉 유리판의 윗면에서 일어나는 부분반사를 측정하던 실험으로 다시 돌아가 보자(그림 40 참조). 우리는 이 실험에서 빛의 경로를 3단계로 나눌 수 있다.

1단계 : 빛이 광원을 출발하여 유리의 표면에 도착한다.

* *수학자들은 교환법칙(A+B=B+A, A×B=B×A)을 만족하는 모든 대상을 찾기 위해 끊임없이 노력해왔다. 원래 이 법칙은 사과나 사람 등의 수를 셀 때 사용하던 자연수natural number에 의해 생겨났다. 그 후 숫자는 0과 음의 정수, 실수, 복소수등으로 수의 범위가 확장되었으며, 이 모든 수들이 같은 대수법칙을 따른다는 사실을 알게 되었다. 수학자들이 만들어낸 수들 중에는 언뜻 보기에 이해하기 곤란한 것도 있다. '1/2명의 사람'을 어떻게 받아들여야 하는가? 그러나 오늘날 '1평방킬로미터 안에 평균 3.2명의 사람이 살고 있다'는 말을 듣고, 사람의 사지가 분리되어 0.2만 남은 끔찍한 광경을 떠올리는 사람은 없다. 우리는 3.2명에 10을 곱하면 32명이 된다는 사실을 익히 알고 있기 때문이다. 이런 이유로 수학자들은 실제 상황과 다소 동떨어진 것이라 해도 같은 대수법칙을 따르는 무언가가 있으면 매우 깊은 관심을 기울여왔다. 종이 위에 그려진 화살표는 서로 머리와 꼬리를 이어 나감으로써 더해질 수 있고, 또 회전과 수축의 법칙에 따라 곱해질 수도 있다. 이 화살표들 역시 앞서 말했던 숫자들과 동일한 대*

2단계 : 유리표면에서 빛이 반사된다.

3단계 : 반사된 빛이 감지기에 도달한다.

각각의 단계는 단위화살표를 수축시키고 회전시켜서 얻은 하나의 화살표에 대응된다.

첫 번째 강연에서는, 빛이 유리면에서 반사할 수 있는 모든 가능한 경로들을 고려하지 않았다. 이 경로들을 모두 고려하려면 작은 화살표

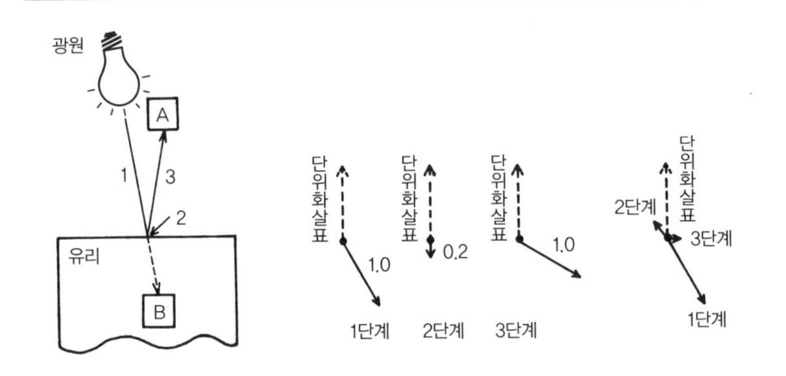

그림 40. 유리의 윗면에서 빛이 반사되는 사건은 3단계로 나누어지며, 각 단계를 거칠 때마다 화살표는 수축 또는 회전된다. 모든 단계를 거친 후 얻어진 최종 화살표의 길이는 0.2이다. 이것은 지난번에 얻은 결과와 동일하지만 더욱 세분화된 분석을 통해 얻어진 결과이다.

수법칙을 따르기 때문에 수학자들은 화살표까지도 숫자라고 부른다. 그러나 일반적인 수와 구별하기 위하여 특별히 '복소수'라는 이름으로 부르고 있다. 학교에서 복소수에 관해 배운 적이 있는 사람들에게는 다음과 같은 표현이 한결 간단명료할 것이다. '하나의 사건이 일어날 확률은 복소수의 절대값을 제곱하여 얻어진다. 사건이 여러 가지 방법으로 일어날 수 있는 경우에는 모든 복소수를 더해서 절대값을 취하고, 단계적으로 일어날 때에는 모든 복소수들을 곱한 후 절대값을 취한다' 이 표현이 더욱 가슴에 와 닿는 사람도 있겠지만, 사실 이것은 새로운 내용을 추가한 설명이 전혀 아니다. 그저 동일한 사실을 다른 언어로 표현한 것뿐이다.

를 엄청나게 많이 그린 다음 그들을 더해나가야 한다. 이 번거로운 작업을 피하기 위해, 나는 빛이 유리표면 위의 특정한 지점으로 집중되어 입사되는 것처럼 그림을 그렸다. 말하자면 그것은 빛이 퍼져 나가지 않는다는 가정이었다. 그러나 실제로는 렌즈를 통하여 빛을 모으지 않는 한, 빛은 퍼져 나가기 마련이다. 그리고 이러한 효과로 인하여 화살표의 길이는 약간 수축되어야 한다. 이번 강연에서도 나는 빛의 '퍼짐'에 의한 효과를 고려하지 않을 생각이다. 그래도 결과는 별 차이가 없기 때문이다. 빛이 퍼지지 않는다고 가정하면 광원을 출발한 광자는 A 아니면 B, 반드시 둘 중 하나의 지점으로 도달할 것이다.

따라서 1단계에서는 화살표를 수축시킬 필요가 없다. 광원을 출발한 빛이 유리의 표면에 도달할 확률은 1이다. 단지 초시계 초침의 방향에 따라 단위화살표를 회전시키기만 하면 된다. 그 방향이 5시 방향이었다면, 1단계에 해당되는 화살표는 길이가 1이고 5시 방향을 가리키고 있을 것이다.

그 다음, 제 2단계에서는 반사가 일어난다. 반사가 일어날 확률은 0.04이므로, 이 과정에서 단위화살표의 길이는 1에서 0.2로 수축되며, 유리의 윗면에서 반사가 일어나면 초침과 화살표는 반대 방향이므로 방향도 반 바퀴 돌아간다(수축되는 정도와 회전 각도의 값은 사실 좀 임의성이 있다. 이 값은 반사시키는 물질에 따라 조금씩 달라지는데, 이 점에 대해서는 세 번째 강연에서 설명하겠다). 그러므로 2단계의 화살표는 길이가 0.2이고 방향은 6시 방향(반 바퀴)이다.

마지막 3단계는 유리에서 반사된 광자가 감지기로 도달하는 과정이다. 이 과정에서도 빛이 퍼지지 않는다고 가정하면 단위화살표의 길이는 변하지 않고 방향만 달라진다. 감지기가 광원보다 조금 가까운 거리에 있다고 하면 그 방향은 예컨대 4시 방향 정도가 될 것이다.

이제, 1, 2, 3단계에 해당되는 각 화살표들을 차례로 곱한다(각도는 더하고 길이는 곱한다). 1단계에서는 단위화살표를 5시 방향으로 돌리고, 2단계에서는 그것을 단위화살표로 간주하여 길이를 0.2로 축소시켜 반 바퀴 더 돌린다. 3단계에서는 4시 방향만큼 화살표를 더 회전시키다. 이렇게 3단계에 걸쳐 화살표를 조작하여 얻어진 최종 화살표는 3시 방향을 가리키고 있으면(5시+6시+4시=3시), 길이는 0.2이다(1×0.2×1=0.2). 이것은 유리 윗면에서의 부분반사를 3단계로 나누지 않고 전체 시간을 초시계로 측정하여 한번에 얻은 화살표와 일치한다. 즉, 유리의 한쪽 면(윗면)에서 부분반사가 일어날 확률이 4%라는 사실을 말해주고 있다.

이 실험에서는, 첫 번째 강연에서 문제 삼지 않았던 질문이 하나 남아 있다. 유리판의 표면을 투과하여 감지기 B로 들어오는 광자는 어떻게 될 것인가? 감지기 B로 광자가 들어오는 사건이 일어날 확률은 96%이므로, 이에 해당하는 화살표의 길이는 약 0.98이 된다(0.98 × 0.98=0.9604). 따라서 이 경우 역시 3단계의 사건으로 나누어 생각해 볼 수 있다(그림 41 참조).

1단계는 A로 반사되는 사건의 1단계와 똑같다. 광원에서 출발한 광자가 유리판의 표면에 도달할 때까지의 과정이 그것이다. 단위화살표의 길이를 1로 유지하면서 5시 방향으로 돌려놓으면 이에 해당되는

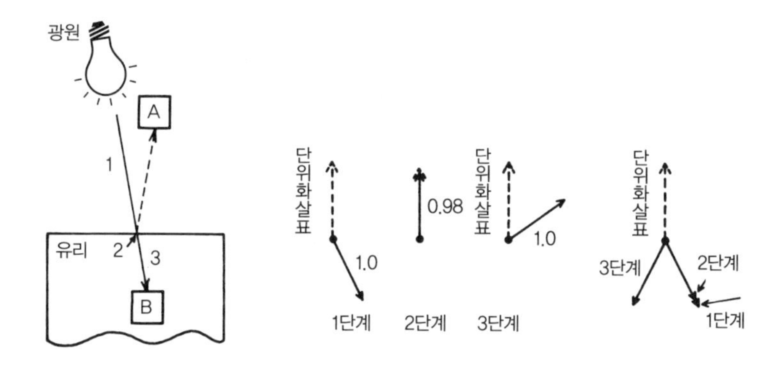

그림 41. 빛이 유리면을 투과하는 사건도 3단계로 나누어진다. 길이가 0.98인 화살표는 96%의 투과 확률을 나타낸다(반사된 4%를 합하면 모두 100%가 된다).

화살표가 얻어진다.

2단계에서는 광자가 유리표면을 투과한다. 이 경우에는 화살표의 방향이 변하지 않는다. 단지 길이만이 조금 수축될 뿐이다. 투과할 확률이 96%이므로, 화살표의 길이는 1에서 0.98로 수축된다.

3단계에서 광자는 유리 속의 감지기 B에 도달한다. 이 과정에서 화살표의 길이는 변하지 않으며 소요시간만큼 방향이 돌아간다.

이 3가지 단계에 해당하는 화살표들을 모두 곱하여 얻어진 최종 화살표의 길이는 0.98, 즉 96%의 확률을 보여주고 있다. 방향도 어딘가를 향하고 있겠지만, 확률과 방향은 아무런 관계가 없으므로 문제 삼을 필요가 없다. 어쨌든 우리가 화살표들로부터 얻은 결론은 광자가 광원을 출발하여 감지기 B에 도달할 확률이 96%라는 사실이다.

복합사건으로 본 양면 반사현상

유리판의 양면에서 반사가 일어났던 경우를 상기해보자. 윗면에서 일어나는 반사는 방금 전의 경우와 다를 것이 없으므로 이에 해당되는 화살표는 그림 40의 최종 화살표와 동일하다.

아랫면에서의 반사는 그림 42와 같이 일곱 가지의 단계로 나누어진다. 1, 3, 5, 7단계에서는 소요시간을 측정한 초시계의 초침 방향만큼 화살표가 회전하고, 제 4단계를 거치면서 화살표의 길이가 0.2로 수축된다. 그리고 2, 6단계에서는 역시 화살표의 길이가 0.98로 축소된다. 이렇게 여러 단계를 거쳐 만들어진 화살표의 방향은 전에 말했던 바와 동일하지만, 길이는 0.98×0.2×0.98=0.192가 된다. 지난번 강연 때, 나는 이 값을 대충 0.2로 놓고 계산했다.

유리판에 쪼여진 빛의 반사 또는 투과에 관한 법칙은 다음과 같이 요약될 수 있다.

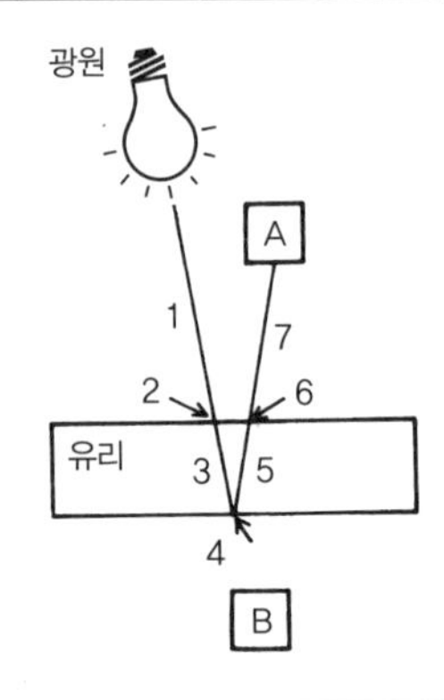

그림 42. 유리의 아랫면에서 반사되는 사건은 모두 7단계로 이루어진다. 1, 3, 5, 7단계에서는 회전만 일어나고 2, 6단계에서는 길이가 0.98배로 수축된다. 그리고 4단계에서는 0.2배로 수축된다. 최종적으로 얻어진 화살표의 길이는 0.192인데, 지난번 강연에서는 계산을 간단히 하기 위해 이 값을 0.2로 간주했다. 화살표의 방향은 전체 사건이 진행되는 동안 그 소요시간을 측정했던 상상속의 초시계의 초침과 동일한 방향이다.

1) 윗면에서 반사될 때에는 화살표가 반 바퀴 돌아가고 길이는 0.2배로 수축된다.

2) 아랫면에서 반사될 때에도 길이는 0.2배로 수축되지만 방향은 변하지 않는다.

3) 공기에서 유리로, 또는 유리 속에서 공기 중으로 투과될 때에는 길이가 0.98배로 수축되고 방향은 변하지 않는다.

멋진 예제 : 번식하는 광자?

이 세 가지 법칙이면 충분하다. 더 이상의 설명이 필요 없을 정도다. 그러나 나는 여러분에게 이 법칙들이 실제로 얼마나 아름답게 맞아 들어가고 있는지를 보여주는 멋진 예를 하나 보여주고 싶다. 감지기를 유리의 아래쪽으로 이동시켜 보자. 그리고 첫 번째 강연에서 다루지 않았던 '유리의 양면을 모두 투과하는' 확률에 대하여 생각해보자(그림 43 참조).

물론, 여러분은 답을 알고 있다. 광자가 B에 도달할 확률은 100%에서 A에 도달할 확률을 뺀 값이다. 그리고 A에 도달할 확률은 이미 계산하였다(유리판의 두께에 따라 0%에서 16% 사이의 값이다). 그러므로 만일 광자가 A에 도달할 확률이 7%였다면 B에 도달할 확률은 93%가 돼야 한다. A에 도달할 확률이 변함에 따라, B에 도달할 확률은 100%에서 84% 사이의 값이 될 것이다.

분명히 그것은 옳은 답이다. 그러나 사실을 제대로 확인하려면 가능

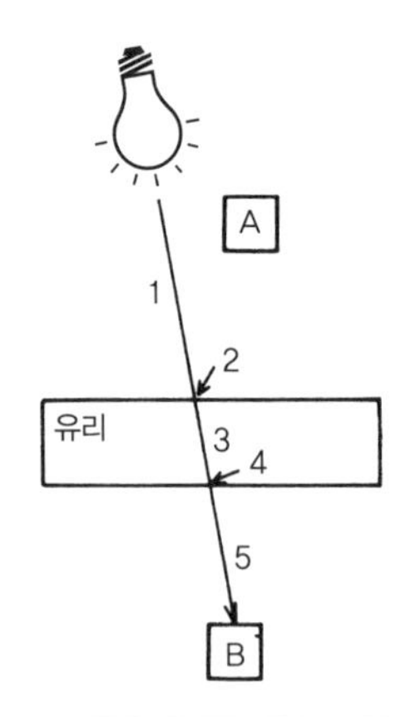

그림 43. 빛이 유리의 양면을 모두 투과하는 사건은 5단계로 나누어진다. 2단계에서 화살표는 0.98배로 수축되고, 4단계에서는 0.98의 0.98배, 즉 0.96으로 수축된다. 1, 3, 5단계에서는 수축 없이 회전만 일어난다. 결국 최종 화살표의 길이는 0.96이며, 이는 92%의 투과 확률을 나타낸다. 그러나 반사될 확률은 0%에서 16% 사이이므로 최대치, 즉 16%가 반사되는 두께였다면 전체 광자수는 92%+16%=108%가 되어, 무언가가 잘못 계산되었음을 말해주고 있다!

한 모든 경로에 대하여 화살표를 그린 후, 그들을 합성한 최종 화살표의 길이를 제곱해봐야 한다. 광자가 유리판을 완전히 투과할 확률은 어떻게 계산할 것이며, 유리판의 두께가 임의로 변할 때 투과할 확률과 반사될 확률(위, 아랫면 모두)을 더한 값이 어떻게 항상 100%를 유지할 수 있을까? 이 점을 좀더 자세히 관찰해 보기로 하자.

광자가 광원을 출발하여 유리판을 투과한 후 감지기 B에 도달하려면 다섯 단계를 거쳐야 한다. 각 단계를 거칠 때마다 화살표는 축소되거나 회전된다. 이제 단위화살표에서 시작하여 이 작업을 수행해보자.

처음의 세 단계는 방금 전의 실험(유리판의 양면 반사 중 아랫면 반사에 해당된다)에서 이미 계산하였다. 광원에서 출발하여 유리판의 윗면에 도달하는 동안 화살표(단위화살표)는 초침이 가리키는 방향만큼 돌아간다. 그곳에서 광자는 유리 속으로 투과되고(회전 없이 0.98배로 수축) 투과된 광자는 유리 속을 여행하여 아랫면에 이른다(수축

없이 회전만 일어난다).

네 번째 단계에서 광자는 유리 속으로부터 공기 중으로 투과되는데, 여기서는 2단계와 마찬가지로 회전 없이 길이만 0.98배로 수축된다. 그러므로 이 지점에서 화살표의 길이는 0.98×0.98=0.96이 된다.

마지막 5단계에서 빛은 유리를 투과하여 광전증폭기에 도달한다. 이 과정에서 화살표는 어느 정도 회전되지만 길이는 변함이 없다. 결국 전 과정을 거친 화살표의 길이는 0.96으로 축소되어 있다.

길이가 0.96인 화살표는 0.96×0.96=0.92, 즉 92%의 확률을 나타낸다. 다시 말해서 광원을 출발한 광자들 중 92%가 유리판을 완전히 투과하여 B의 감지기에 도달한다는 뜻이다. 그리고 이는 또한 8%의 광자가 유리판(윗면과 아랫면)에서 반사되어 A의 감지기로 도달한다는 뜻도 된다. 그러나 지난 첫 강연 때 말한 바와 같이, 광자가 유리판에서 반사될 확률은 8%가 아니라, 0%에서 16% 사이의 값이었다. 8%라는 값은 마치 고장 난 시계가 하루에 두 번 맞는 것처럼 가끔 맞아 떨어지는 값에 불과하다. 이 확률은 유리판의 두께에 따라 주기적으로 변하는데, 방금 전 우리가 투과 확률을 계산할 때에는 유리의 두께를 전혀 고려하지 않았다. 만일 반사될 확률이 16%가 되는 두께였다면 어떻게 될 것인가? 92%가 투과되고 16%는 반사되었으니 이 둘을 합하면 108%가 된다. 이런 터무니없는 말이 또 어디 있는가? 광자가 그 사이에 번식이라도 했다는 말인가? 그럴 수는 없다. 분명히 무언가가 잘못되었다.

무엇이 잘못되었는가? 우리는 광자가 B에 도달할 수 있는 모든 가능한 경로들을 고려하지 않은 것이다(다른 경우를 고려하면 92%의 확률이 더욱 커질 것 같지만 사실은 그렇지 않다. 확률의 덧셈은 단순한 숫자의 덧셈이 아니라 화살표의 덧셈임을 명시하기 바란다). 예를 들어, 광자는 유리의 아랫면에서 반사되어 잠시 위쪽으로 향해 가다가 다시 윗면에서 반사되어 B의 감지기에 도달할 수도 있다(그림 44 참조). 이 경로는 모두 9단계로 나누어진다(복잡하다고 해서 겁먹을 필요는 없다. 이 경우에도 화살표는 회전과 수축만 겪을 뿐, 새로운 것이라고는 전혀 없다).

첫 번째 단계에서는 광자가 공기 중을 여행하면서 화살표의 회전만 일어난다. 2단계에서는 회전 없이 길이가 0.98로 축소되며, 3단계에서는 축소 없이 회전한다. 4단계에서 광자는 유리의 아랫면에서 반사되는데, 이때 길이는 0.98의 0.2배, 즉 0.196으로 축소된다. 5단계에서는 3단계와 동일한 과정을 거치며, 6단계에서는 다시 유리의 윗면에서 반사가 일어난다. 여기서 다시 화살표의 길이는 $0.196 \times 0.2 = 0.0392$로

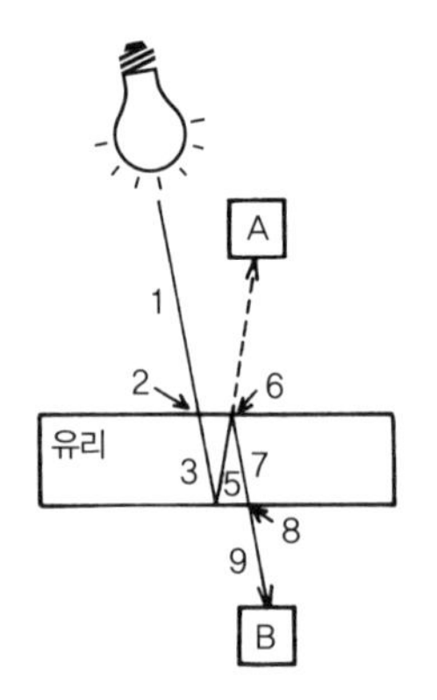

그림 44. 잘못된 계산을 수정하려면 빛이 유리판을 투과할 수 있는 또 다른 경로를 고려해야 한다. 이 경로는 모두 9단계로 이루어진다. 2, 8단계에서 화살표는 0.98배로 수축되고, 4, 6단계에서 0.2배로 수축된다. 최종 결과로 얻어진 화살표의 길이는 0.0384(약 0.04)이다.

축소된다. 7단계 역시 3단계와 동일한 과정이다. 8단계에서는 광자가 유리 속으로부터 공기 중으로 투과되고 화살표는 0.196×0.98=0.0384로 축소된다. 마지막 9단계에서는 광자가 공기중을 통과해서 감지기에 도달하므로 축소 없이 회전만 일어난다.

최종적으로 얻어진 화살표의 길이는 0.0384이다. 계산을 간단히 하기 위해 이 값을 0.04라고 하자. 그리고 화살표의 방향은 각 단계마다 소요시간을 측정한 초시계의 초침으로 결정된다. 이 화살표는 광자가 B에 도달할 수 있는 또 다른 방법, 즉 다른 경로의 확률을 말해 준다. 자, 이제 가능한 경로가 두 가지 있다는 사실을 알았으니 두 개의 화살표를 합성하여 최종 확률을 계산해보자. 먼저 고려했던 짧은 경로(그림 43)의 화살표는 길이가 0.96이었고, 방금 말한 두 번째 경로(그림 44)의 화살표의 길이는 0.04이다.

이 두 개의 화살표는 대개의 경우 방향이 같지 않다. 왜냐하면 유리판의 두께가 변함에 따라 두 경로의 소요시간차가 변하여, 화살표의 상대적 방향 역시 달라지기 때문이다. 그러나 어떤 경우에도 광자가 번식하지는 않는다. 이 점을 확인하기 위해 두 개의 화살표를 좀더 자세히 살펴보기로 하자. 그림 44의 9단계에 걸친 전체 경로는 그림 43의 경로보다 분명히 길다. 그림에서 보는 바와 같이 추가된 경로는 5, 7단계이며, 여기에 소요되는 시간은 3, 5단계에 소요되는 시간과 동일하다. 그리고 이 3, 5단계는 유리의 양면에서 부분반사가 일어날 때, 아랫면에서 반사하는 광자가 윗면에서 반사하는 광자보다 추가적으로 더 거쳐 가야 하는 경로와 일치한다. 만일 유리의 두께를 잘 조절하여 부분반사가 일어날 확률이 0이 되었다면, 이는 3, 5단계를 거치는 동안 초침이 '정확하게' 한 바퀴(또는 두 바퀴, 세 바퀴, …) 돌아갔음을 뜻한다. 즉 윗면 반사와 아랫면 반사를 측정한 초시계의 초침은 둘 다 같은 방향을 가리키고 있다. 3, 5단계는 5, 7단계와 동일한 시간이 소요되므로, 그림 43의 소요시간과 그림 44의 소요시간 역시 초침이 정확하게 정수 번(1, 2, 3, …) 돌아갈 만큼 차이가 날 것이며, 두 경우의 화살표는 같은 방향을 향한다. 결국 유리를 투과할 최종 확률은 같

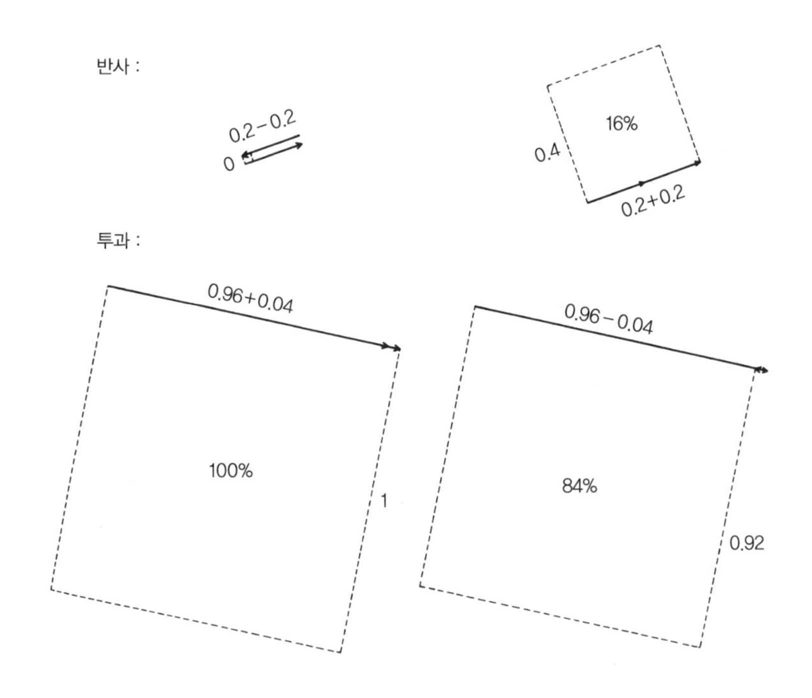

그림 45. 광자는 어떤 경우에도 번식하지 않는다. 부분반사율이 커지면 투과율이 작아지고, 반대로 반사율이 작아지면 투과율이 커져서 이 둘을 더한 결과는 항상 100%를 유지한다.

은 방향으로 놓인 두 화살표의 길이를 더한 값(0.96+0.04=1.0)의 제곱이 되어 1×1=1, 즉 100%가 된다(그림 45 참조). 자, 자세히 보라. 투과될 확률(100%)과 반사될 확률(0%)을 합하면 100%가 된다. 역시 광자는 번식하지 않았다!

이와는 반대로 부분반사가 일어날 확률이 16%, 즉 최대치가 되도록 유리판 두께를 조절하였다면 그림 43과 44에 그려진 두 경로의 화살표는 반대 방향이 되어, 유리를 투과할 최종 확률은 두 화살표의 길이의 차(0.96−0.04=0.92)를 제곱한 값, 즉 0.92×0.92=0.84가 된다. 보다시피 이 경우에는 반사될 확률과 투과될 확률을 더하면 16%+84%=100%이다. 역시 자연의 법칙에는 오류가 없다. 이 얼마나 경이로운 사실인가?*

주의! 화살표는 '하나의' 사건이 일어날 확률이다.

두 번째 강연을 마치기 전에, 화살표의 곱셈에 관한 확장된 법칙 하나를 말해두고 싶다. 하나의 사건이 여러 단계로 분리되어 각 단계가 순차적으로 진행될 때 우리는 화살표를 곱한다. 그러나 이런 경우 이외에, 독립적이며 동시 다발적으로 일어나는 몇 개의 사건을 통틀어 하나의 사건으로 간주하고자 할 때에도 우리는 각 화살표를 곱해야 한

* *나는 100%를 만들기 위해 0.0384를 대략 0.4로 간주했다. 그리고 84%라는 값도 사실 0.92를 제곱한 값과 조금 다르다(0.92×0.92=0.8464). 그렇다면 실제로 100%가 아니라는 말인가? 그렇지는 않다. 100%를 맞추기 위해 또 하나의 경로(그림 44)를 고려하긴 했지만 그것*

다. 예를 들어, 'X, Y 두 지점에 광원을 놓고 A, B 지점에 두 개의 감지기를 설치해 두었다고 하자(그림 47 참조). 그리고 'X와 Y에서 방출된 광자가 A와 B의 감지기에 도달할' 확률을 계산해보자.

이런 경우에 광자는 진행 도중 반사나 투과현상을 겪지 않으므로, 빛이 진행하면서 옆으로 퍼져 나가는 효과를 무시하지 않아도 된다. 따라서 어떤 근사적인 방법을 쓰지 않은 채 공간을 진행해 나가는 단색광의 '정확한 법칙'을 설명할 수 있다. 어떤 근사나 단순화도 하지않은 채로(편광현상을 제외한) 단색광의 모든 성질은 다음의 법칙 안에 다 들어 있다 : 화살표의 방향은 운동시간을 측정하는 가상의 초시계에

그림 46. 그러나 더욱 정확한 계산을 하려면 빛이 반사되는 또 다른 경로까지도 함께 고려해야 한다. 그림에서 보는 바와 같이, 2, 10단계에서 화살표는 0.98배로 수축된다. 그리고 4, 6, 8단계에서는 0.2배로 수축된다. 모든 단계를 거쳐 얻어진 최종 화살표의 길이는 0.008이며, 이 화살표는 앞에서 구한 길이 0.192인 화살표와 더해져야 한다(둘 다 유리판의 아랫면에서 일어나는 반사에 해당한다).

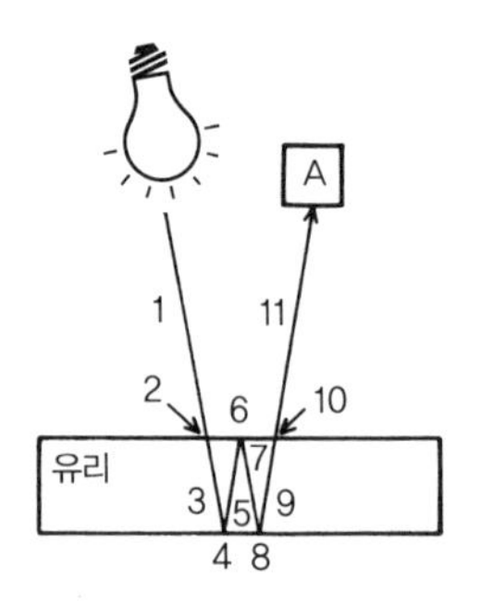

만으로는 충분하지 않다. 그 외에도 매우 많은 경우가 있을 수 있는데 그들의 확률이 매우 작기 때문에 고려하지 않은 것이다. 그러나 이 모든 경우를 고려한다면 0.0384를 0.4로 간주하지 않고도 정확히 100%라는 결과를 얻게 된다. 이런 종류의 계산을 좋아하는 사람은 빛이 감지기 A로 도달하는 또 하나의 경로를 생각해보기 바란다(그림 46 참조). 이 경우에는 세 번의 반사와 두 번의 투과가 일어나, 최종 화살표의 길이는 0.98×0.2×0.2×0.98=0.008이 된다. 완전한 계산을 하려면 이것 말고도 유리판 내부를 여러 번 왕복하는 경우를 무수히 많이 고려해야 한다. 그리고 계산 결과는 정확하게 100%이다!

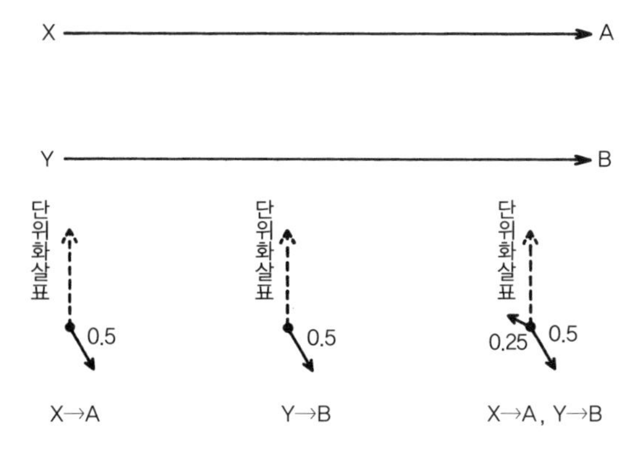

그림 47. 특정한 사건이 일어날 수 있는 방법이 독립적으로 일어나는 여러 개의 작은 사건들에 의해 좌우되는 경우, 그 확률은 작은 사건들이 일어날 확률들을 차례로 곱하여 얻어진다. X와 Y에 위치한 광원에서 방출된 광자가 A와 B의 감지기에 도달하는 사건이 바로 이러한 경우에 해당된다. 이 사건이 일어날 수 있는 하나의 방법은, X에서 방출된 광자가 A로(X→A), Y에서 방출된 광자가 B로(Y→B) 도달하는 경우이다(X→A와 Y→B는 서로 독립적으로 일어나는 작은 사건이다). 광자가 이런 식으로 도달할 확률은 X→A의 확률과 Y→B의 확률을 곱한 값이다.(그림 48에 계속)

의해 결정된다. 운동이 끝났을 때 초침이 가리키고 있는 방향(혹은 그 반대 방향)이 곧 화살표의 방향이 된다(초침이 돌아가는 속도는 광자의 색깔, 즉 단색광의 종류에 따라 달라진다). 화살표의 길이는 빛이 진행하는 거리에 반비례하여 짧아진다.* 다시 말해서 화살표는 빛이 진행해 나갈수록 수축된다(앞에서는 빛이 퍼져 나가는 성질을 고려하

* *이 법칙은 학교를 다닌 사람이라면 상식적으로 알고 있다. 주어진 거리를 진행한 빛은 거리의 제곱에 반비례하여 그 광도가 줄어든다. 화살표의 길이가 1/2로 수축되면 확률은 1/4로 줄어들기 때문이다.*

지 않았으므로 이 법칙을 적용하지 않았다).

X에서 A로 도달한 경우, 화살표의 길이가 0.5이고 방향은 5시 방향이었다고 하자. Y에서 B로 도달한 경우에도 화살표는 똑같다(그림 47 참조). 두 개의 화살표를 곱하여 만들어진 최종 화살표는 길이가 0.25이고 10시 방향을 가리킨다.

그러나 잠깐! 이 사건은 다른 방법으로도 일어날 수 있다. X에서 방

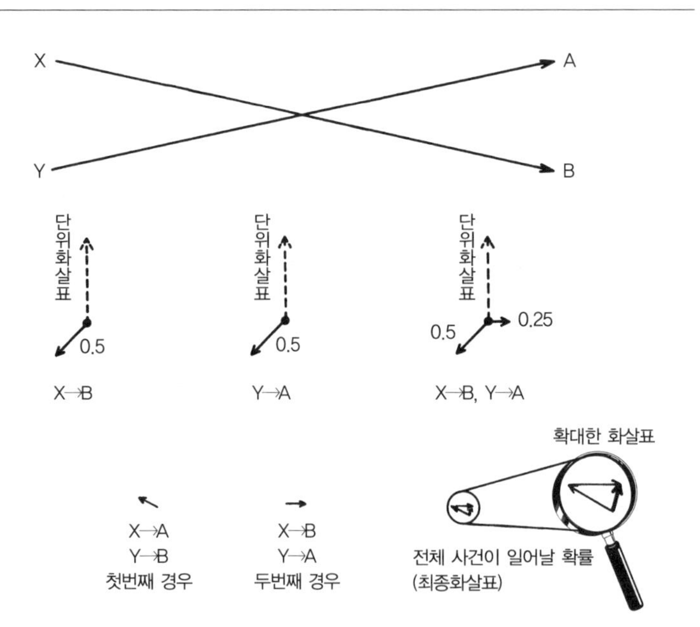

그림 48. 그림 47에서 말한 사건, 즉 X와 Y를 출발한 광자들이 A와 B에 도달하는 사건은 다른 방법으로 일어날 수도 있다. 즉, X에서 방출된 광자가 B로(X→B), Y에서 방출된 광자는 A로(Y→A) 도달할 수 있다. 이 경우에도 X→B의 화살표와 Y→A의 화살표를 서로 곱하여 확률을 구할 수 있다. 그렇다면 그림 47에서 구한 화살표(X→A, Y→B)와 지금 구한 화살표(X→B, Y→A)는 어떤 관계에 있는가? 이 두 개의 화살표를 더한 것이 바로 전체 확률을 나타내는 최종 화살표가 되는 것이다. 아무리 많은 화살표를 그린다 해도, 결국 우리의 최종 목적은 그들을 서로 더하거나 곱하여 단 하나의 최종 화살표를 구해내는 데 있다.

출된 광자는 B로, 그리고 Y에서 방출된 광자가 A로 도달할 수도 있는 것이다. 이 경우에도 2개의 화살표를 그린 후 그들을 곱해야 한다(그림 48 참조). 이 경우 광자가 여행하는 거리는 앞의 경우(그림 47)보다 조금 길어지는데, 이에 따른 화살표의 수축은 무시할 수 있을 정도로 작다. 그러나 광자의 운동시간을 재는 초시계는 붉은 단색광의 경우 초당 36,000번이라는 매우 빠른 속도로 돌아가기 때문에, 경로가 아주 조금 변했다 해도 초침의 방향은 크게 달라진다. 따라서 그림 48의 사건을 나타내는 화살표의 길이는 이전과 같이 0.5이지만 방향은 전혀 다르다.

우리가 구하고자 하는 최종 화살표는 이 두 가지 경우에서 얻어진 두 개의 화살표를 더 함으로서 얻어진다. 화살표의 길이는 둘 다 $0.5 \times 0.5 = 0.25$로 같지만, 서로 상쇄되어 없어질 가능성도 있다. 두 화살표 사이의 각도는, 광원 X, Y사이의 거리가 변함에 따라 다양한 값을 가질 수 있기 때문이다. 이것은 유리판의 양면에서 일어나던 부분반사와 비슷한 현상이다.*

이 예제에서, 우리는 하나의 사건이 일어날 확률을 계산하기 위해 화살표들을 곱하고 더하여 하나의 최종 화살표를 구했다. 우리가 아무리 많은 화살표를 그려서 그들을 더하고 곱한다 해도, 결국 우리의 최종 목적은 '하나의 사건이 일어날 확률을 말해주는 하나의 화살표'

* *'핸버리-브라운-트위스 효과' 라고 부르는 이 현상은, 아주 멀리 떨어져 있는 우주에서 라디오파를 방출하는 광원이 하나인지 또는 두개인지 판별하는데 사용된다. 이 방법은 두광원이 매우가까운 경우에도 유효하다.*

를 구하는 데 있다는 것을 항상 잊어서는 안 된다. 물리학을 전공하고 있는 학생들조차 이 점을 깊이 깨닫지 못하여 종종 실수를 범한다. 학생들은 광자에 의해 일어나는 사건들을 분석하는 방법을 오랜 시간 동안 배우면서 화살표와 광자 사이의 관계를 어렴풋이 느끼기 시작한다. 분명히 말해두지만, 화살표는 확률진폭으로서 그것을 제곱하면 한 사건이 일어날 확률이 된다.*

우리가 관측하는 자연현상이란, 결국 '하나의' 사건일 뿐이다.

그 하나의 사건이 일어날 때까지 중간 과정을 다양하게 거칠 수 있기 때문에 각각의 화살표들을 더하거나 곱했다. 즉, '하나의' 사건에 해당되는 '하나의' 최종 화살표를 구하기 위해 그 번거로운 작업이 필요했던 것이다.

다음 강연에서는 물질의 성질에 관하여 설명할 예정이다. 광자가 반사할 때 왜 화살표의 길이가 0.2배로 줄어드는지, 왜 유리 속에서의 광속이 공기 중에서 보다 느려지는지 등의 이유를 규명할 것이다. 사실, 지금까지 나는 여러 가지 사건들을 매우 단순화시켜서 이야기했다. 실제로 광자가 유리판에서 반사될 때, 그것은 농구공처럼 튕겨 나가는 것이 아니라, 유리판 내부의 전자들과 상호작용을 주고받는다.

* *이 점을 마음속 깊이 새기고 있으면 물리학을 공부하는 학생들도 '파군의 붕괴reduction of a wave packet' 등과 같은 마술을 대할 때 개념상의 혼동을 피할 수 있을 것이다.*

유리표면에 도달한 광자는 유리 내부의 전자들 사이를 오락가락하다가 하나의 전자에게 붙잡혀서 머리를 긁히고, 전자는 새로운 광자를 방출한다. 이것이 반사와 투과현상에서 일어나는 과정이다. 그러나 지금까지 우리가 다루었던 단순화 과정으로 모든 계산을 해도 매우 정확한 결과를 얻을 수 있다.

더 자세히 말하자면 양자역학에서는 모든 입자를 수학적인 파동함수로 나타내곤 합니다. 이때 입자의 위치는 이러한 파동함수로 인한 확률적 위치만을 논할 수 있습니다. 이때 입자가 특정 장소에 위치할 확률은 우리가 그 입자가 존재할 것이라고 생각하는 위치에서 먼 장소일수록 작아집니다. 함수 그래프를 얘기하자면 중앙의 함수값이 가장 높고 좌우로 멀어질수록 함수값이 점점 감소하는 그래프 모양(0에 무한히 다가가나 결코 0이 되지는 않는)이 되는 겁니다.
문제는 이러한 입자의 위치나 속도 등을 우리가 관찰하려고 할 때(보통, 빛을 쏘아서 측정합니다). 이 파동함수의 모양이 무너져 내려서(collapse), 입자의 위치가 어떤 특정 공간 내에 분명히 존재한다는 것입니다(함수그래프가 지역화됨을 의미함).
이러한 파동함수값 분포의 급격한 변화를 collapse of a wave function, 또는 reduction of a wave packet이라고 합니다. 이는 양자역학에서 논란이 많은 부분이라 여러 가지 가설 들이 제기되었는데, 이것이 문제가 되는 이유는 관찰자가 직접 그 입자의 운동을 측정하지 않는 이상은, 이러한 reduction이 분명히 일어나지 않기 때문입니다. 곧, 관찰자가 입자의 운동을 직접 들여다보며 관찰하지 않을 때의 특정 실험결과와, 직접 들여다보면서 행한 실험의 결과가 달라진다는 것입니다.
약간 다른 관점에서 설명을 하면, 각 입자 하나하나는, 우리가 직접 관찰하고 있지 않을 때에는 마치 하나의 파동으로써(입자로는 설명이 안 되는 방식으로) 행동하다가, 갑자기 관찰자가 직접 그 운동을 관찰하기 시작하는 순간부터, 파동의 성질을 잃어버리고 입자로서 행동하기 시작한다는 것입니다.
마치 입자 하나하나가 자신들을 들여다보는지 아닌지를 정확히 알고 그때그때 전혀 다른 행동양식을 보이기 때문에 양자역학이 우리의 상식으로써는 이해할 수 없는 학문이라고 종종 얘기합니다.

셋째 날

자연을 설명하는 메커니즘 자체는
일반적으로 이해 불가능하다.
– 리처드 파인만 *Richard P. Feynman*

빛과 물질의 상호작용

오늘은 조금 어렵다고 할 수 있는 양자전기역학이론의 핵심을 다루기로 한다. 나의 두서없는 강의를 듣기 위해 이렇게 많은 분들이 참석해 주시니 몸 둘 바를 모르겠다. 지금 청중석에는 낯선 사람들도 여기저기 보이는 것 같다. 미안한 말이지만 처음 참석한 사람들은 어쩌면 이 강의가 이해되지 않을지도 모르겠다. 그리고 지금까지 계속 참석한 사람들도 강의 내용을 이해하지 못하기는 피차 마찬가지일 것이다. 하지만 첫날 말했던 바와 같이, 자연을 설명하는 메커니즘 자체가 일반적으로 이해 불가능한 것이므로 실망할 필요는 없다.

내가 말하고자 하는 빛과 전자의 상호작용 ***interaction of light and electron*** 은 거의 완벽하게 완성된 물리학 이론이다. 우리가 일상적으로 경험하는 대부분의 현상들(예컨대 화학과 생물학의 모든 현상들)은 이 상호작용에 기초하고 있다. 오직 중력과 원자핵의 현상들만이 이 이론의 범주를 벗어나 있을 뿐, 그 밖의 모든 현상을 이 이론은 잘 설명하고 있다.

첫 강연에서 우리는 지극히 단순한 현상의 하나인 빛의 부분반사를 묘사하는 데에도 중대한 허점(만족할만한 물리적 얼개를 제시할 수 없음)이 있음을 발견했다. 즉, 유리표면에 입사된 한 광자가 반사될 것인지 또는 투과될 것인지를 예측하는 방법을 우리는 전혀 모르고 있는 것이다. 기껏해야 확률을 계산하는 것만이 우리가 할 수 있는 일의 전부였다(빛이 유리표면 위에 수직으로 입사될 경우 반사할 확률은 약 4%이며, 빛의 입사각이 커질수록 반사 확률은 증가한다).

일반적으로 확률은 다음의 두 가지 합성법칙 ***rule of composition***을 이용하여 계산한다.

덧셈법칙

한 사건이 여러 가지의 독립적 경로를 통하여 발생 가능한 경우에는 각 경로를 지나갈 확률을 모두 더한다.

곱셈법칙

한 사건이 순차적인 여러 단계를 거쳐 발생하는 경우에는 각 단계의 확률을 모두 곱한다.

신비와 경이에 가득 찬 양자물리학의 세계에서도 역시 위의 두 법칙을 이용하여 화살표를 구하고, 그 길이를 제곱하여 사건의 확률을 계산하고 있다(첫 번째 법칙을 따르는 경우에는 각 경로에 대응하는 화살표들을 모두 합하며, 두 번째 법칙을 따르는 경우에는 각 단계에 대응하는 화살표들을 모두 곱함으로써 최종 결과를 얻는다). 약간 기이하게 보일지라도, 그 결과들은 실험 결과와 완벽하게 일치한다. 이러한 특수한 법칙과 기이한 추론들, 이런 것들이야말로 자연을 이해하기 위한 전제(가정)인 것이다. 거기에는 합리성이나 논리성 같은 것은 존재하지 않는다. 여러분이 자연을 이해하고자 한다면, 이 점을 명심해야 할 것이다.

빛의 이중성

핵심 주제를 다루기에 앞서, 빛의 신비한 이중적 성격을 보여주는 재미있는 예를 한 가지 들어보자. 광원 S가 아주 흐릿한 단색광을 한번에 하나씩 내보낸다고 하자. 이때 방출된 하나의 광자가 두 개의 구멍을 통과한 후 검출기 D를 향해 달려가는 장면을 상상해보자(그림 49 참조).

광원 S와 검출기 D사이에 스크린을 설치하고, 스크린 위에 서로 수 밀리미터(㎜) 거리에 있는 두 개의 아주 작은 구멍 A와 B를 만들자.(만약에 광원과 검출기 사이의 거리가 100㎝라면, 그 구멍들은 10밀리미터보다 더 작아야 한다.) S와 D를 잇는 선분과 스크린이 수직으로 만나는 곳을 구멍A라 하고, 스크린 위의 A가 아닌 어떤 곳을 구멍 B라

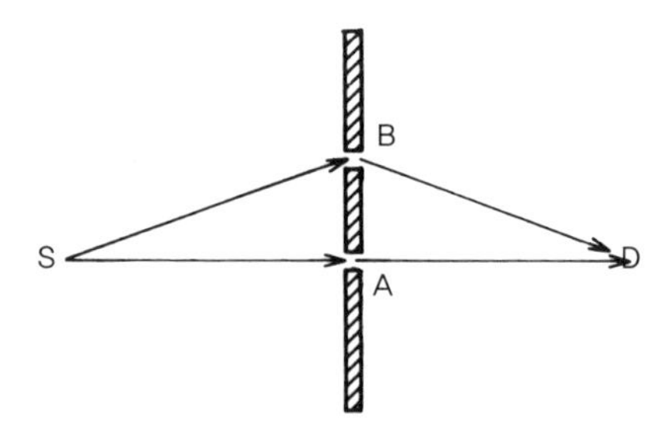

그림 49. 광원 S와 검출기 D 사이에 있는 스크린 상의 두 개의 작은 구멍 A, B 중 하나만이 열려 있을 경우에는, 각각 거의 같은 양(1%)의 빛이 통과한다. 그러나 두 구멍이 모두 열려 있을 경우에는 간섭현상이 일어나면서, 검출기는 구멍 A와 B 사이의 간격에 따라 0%에서 4% 정도를 검출한다(그림 51(a) 참조).

하자.

구멍 B를 막았을 경우 광자는 A를 통하여 검출기 D에 도달하며, 그때마다 검출기는 '딱!' 하는 소리를 낸다(이때 검출기가 광원에서 방출된 광자 백 개당 한 개, 즉 1%의 광자를 검출한다고 하자). 구멍 A를 막고 구멍 B를 열었을 때도, 평균적으로 거의 같은 수의 신호음이 검출된다는 사실을 우리는 두 번째 강연에서 이야기했다. 그 이유는 구멍의 크기가 매우 작아서 빛의 직진성보다는 회절효과가 커지기 때문이다.

그러나 두 개의 구멍을 모두 열었을 때는 간섭현상으로 인하여 복잡한 결과가 발생한다. 이 경우 언뜻 보기에는 2%의 신호음이 들릴 것 같지만, 실제로는 매우 생소한 결과가 나타난다. 구멍 사이의 간격에 따라서, 어떤 경우에는 신호음이 전혀 들리지 않기도 하고, 어떤 경우는 더 많은(최대 4% 정도) 신호음이 들리기도 한다.

두 구멍이 모두 열려 있으므로 검출기에 도달하는 광자의 수가 항상 증가하리라고 여러분들은 생각하겠지만, 실제로는 그렇지가 않다. 어쩌면 '광자가 두 구멍 중 어느 한 구멍으로만 지나가야 한다'는 우리의 고정관념은 적용되지 않는다.

한 광자는 과연 두 구멍 중 어느 하나로만 지나가는 것인가, 아니면 둘로 쪼개졌다가 다시 합쳐지는 것인가? 이를 확인하기 위해 별도로 두 개의 검출기를 구멍 **A**와 구멍 **B**의 바로 뒤에 설치해두자. 그러면 우리는 이 검출기를 통하여 광자가 어느 구멍으로 지나갔는지 알 수 있을 것이다(그림 50 참조). 한 광자가 두 개로 쪼개졌다가 다시 합쳐지는 것이 사실이라면, **A**와 **B**에 있는 검출기는 항상 동시에 '딱!' 소

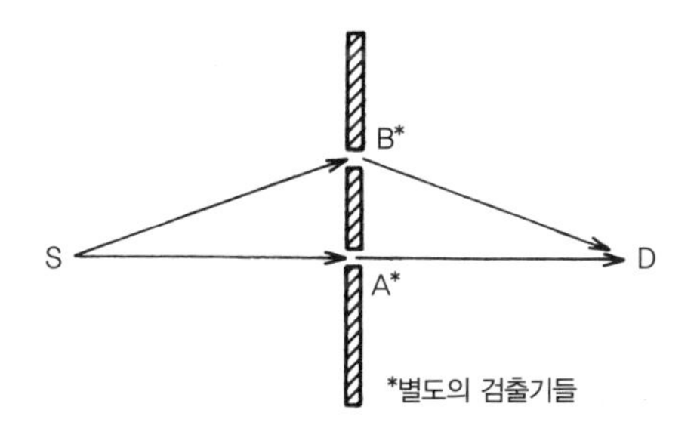

그림 50. 두 개의 구멍이 모두 열려 있을 때 광자가 어느 길을 통하여 지나갔는지 알기 위하여 별도로 두 개의 검출기를 설치하면, 실험 결과는 달라진다. 이 경우 광자가 어느 구멍을 통과하여 지나갔는지를 우리가 알고 있으므로 두 가지(검출기 A와 D가 함께 감지하는 경우와 검출기 B와 D가 함께 감지하는 경우)의 서로 다른 결과가 나타난다. 이 각각의 사건이 일어날 수 있는 확률은 대략 1% 정도이다. 이 두 사건의 확률을 통상적 방법으로 더하면 검출기 D가 광자를 검출할 확률은 대략 2% 정도가 된다(그림 51(b) 참조).

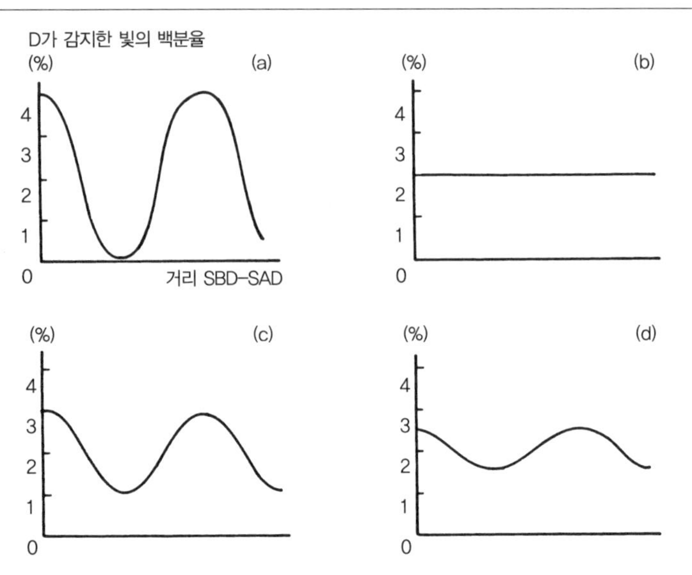

그림 51. (a) : A, B에 검출기가 없을 때에는 간섭현상이 일어나, 빛의 총량은 0부터 4%까지 변화한다. (b) : A와 B에 완벽한 성능의 검출기를 장치해두면 간섭현상은 일어나지 않는다. 검출기 D에 도달하는 광자의 양을 2%로 일정하다. A와 B에 있는 검출기가 완벽하지 않을 때에는 A와 D가 소리를 내는 경우, B와 D가 소리를 내는 경우, 또는 D만이 소리를 내는 경우 등의 세 가지 사건이 일어날 수 있다. 이들 각각의 확률을 합하여 최종 확률을 얻는다. 그 결과 A와 B에 있는 검출기의 성능이 떨어질수록 간섭효과는 더 커지게 된다. 따라서 (c)에 사용된 검출기가 (d) 경우보다 성능이 더 떨어진다는 것을 알 수 있다.

리를(아마 반 정도의 크기로) 내야만 한다. 그리고 검출기 D는 구멍 A와 B 사이의 간격에 따라 0% 내지 4% 정도의 비율로 소리를 내야 할 것이다.

이 실험 결과는 어떻게 될 것인가? 놀랍게도 검출기 A와 B는 결코 동시에 검출음을 내지 않는다. A아니면 B둘중에 하나만 소리를 낸다. 광자는 A 또는 B 중 오직 한 구멍으로만 지나갈 뿐이지, 결코 둘로 쪼개지지 않는다.

또한 기이하게도 이러한 상황에서 D에 있는 검출기는 항상 2%만의 광자를 검출한다. 이 수치는 구멍 A와 B를 지나갈 확률을 단순히 더한 값이다(1%+ 1% = 2%). 이때 구멍 A와 B 사이의 간격이 변해도 2%라는 수치는 변하지 않는다. 이와 같이 A와 B에 별도의 검출기를 갖다 놓으면 신비한 간섭현상은 사라지는 것이다!

이것이야말로 자연의 신비한 조화이다. 어느 길로 광자가 지나갔는지 알기 위해 별도의 검출기를 설치하면 광자의 경로는 알 수 있지만, 그 순간 경이로운 간섭효과는 사라져 버린다. 그러나 광자가 지나간 길을 보여주는 검출기를 제거하면 간섭효과는 다시 나타난다! 정말로 아주 신기한 일이다! 광자가 우리를 놀리고 있는 것일까?

이 패러독스를 이해하려면 가장 중요한 원리를 되새겨 봐야한다 : 어떤 사건이 일어날 확률을 올바로 계산하고자 할때 「그 사건의 전과정을 명확하게 정의하는데」 세심한 주의를 기울여야 한다. 특히 실험의 처음 상태와 마지막 상태가 어떠한지 신경써서 봐야한다. 그러면 두 상태의 변화를 찾을 수 있게 된다. 먼저 구멍 A와 B에 검출기를 설치하지 않은 경우에는, 단순히 검출기 D가 '딱!' 하는 소리를 내는 사건이 발생한다. 검출기 D에서 소리가 난것이 유일한 상황 변화일 경우, 이때 우리는 광자가 지나간 길을 알 수 없다. 따라서 A 구멍과 B 구멍을 지나가는 확률진폭 사이에 간섭현상이 나타난다.

그러나 A와 B에 검출기를 설치한 경우에는 상황이 변한다. 이때에는 확연히 구별되는 다음의 두 가지 사건 중 어느 하나만이 일어날 수 있다.

첫째 : 검출기 A와 검출기 D가 광자를 검출하는 경우

둘째 : 검출기 B와 검출기 D가 광자를 검출하는 경우

이와 같이 한 사건이 여러 경로로 발생할 수 있는 경우에는 덧셈법칙에 따라 그 각각의 확률을 구한 후에 그 둘을 더해야 한다.

첫 번째 사건의 확률진폭을 계산하기 위해서는 광자가 광원 S에서 A로, A에서 D로, 그리고 검출기 D가 검출하는, 세 단계에 해당하는 각각의 화살표를 구한 후에 그들을 모두 곱해야 한다. 이렇게 곱하여 얻은 최종 화살표의 길이의 제곱이 바로 이 사건의 발생확률(1%)이다. 이 값은 구멍 B가 닫혀 있는 경우와 일치한다(왜냐하면 두 경우 모두 동일한 단계들로 구성되어 있기 때문이다).

두 번째 사건 역시 비슷한 방법으로 계산할 수 있으며, 그 결과는 첫 번째와 비슷한 1% 정도가 된다. 따라서 광자가 검출기 D에 도달하는 최종적인 확률은 위의 두 결과를 단순히 더한 값(2%)이 된다. 이처럼 광자가 어느 길로 지나갔는지를 보여주는 어떤 장치가 그 계 ***system*** 내에 설치되어 있다면, (구별 가능한 최종 상황) 즉 서로 다른 "최종

* *이 문제를 좀더 자세히 살펴보면 매우 흥미롭다. A와 B에 있는 검출기의 성능이 완벽하지 않아서 때때로 광자를 검출하지 못 할 수도 있다면, 이때에는 세 가지 형태의 사건이 발생할 수 있다. A와 D의 검출기에서 소리가 난 경우와 B와 D의 검출기에서 소리가 난 경우, 그리고 검출기 D에서만 소리가 난 경우이다. 여기서 앞의 두 사건의 확률은 위에서 설명한 방식으로 계산할 수 있다(그러나 이 경우 검출기가 완벽하지 못하므로 A 또는 B의 검출기가 소리를 내는 두 사건의 확률은 약간 감소한다). 검출기의 한계로 인해 D 혼자만이 소리를 내는 경우에는 간섭효과가 나타날 것이다. 이것은 A와 B의 위치에 검출기가 없을 때의 결과와 동일하다. 따라서 이 상황에서 최종 결과는 이 세 경우를 단순히 모두 더한 것이다(그림 51 참조). 따라서 검출기의 성능이 좋아지면 좋아질수록 간섭효과는 점차 줄어들게 된다.*

상태"를 얻게 되므로, 그 각각의 최종 상태에 대한 확률(확률진폭이 아님)을 더해주어야 한다.*

지금까지 알아보았듯이 자연이란 깊이 알면 알수록 가장 단순한 현상조차 설명이 불가능해진다. 이런 이유 때문에 이론 물리학자들은 일상언어로 자연을 설명하는 것을 포기했다.

첫째 날에 우리는 하나의 사건이 여러 경로로 발생 가능한 경우, 그 각 경로에 대응하는 화살표들을 더하는 방법을 이야기했다. 둘째 날에는 각 경로가 순차적인 단계를 거쳐서 발생하는 경우, 그 각각의 단계에 대응하는 화살표들을 곱하는 방법을 설명했다. 이제 여러분들은 양자 물리학에서 화살표를 이용하여 물리적 사건이 일어날 확률을 계산하는 엉뚱한 방법에 어느 정도 친숙해졌을 것이다.

전자도 이중성을 갖고 있다

지금까지 우리는 빛이 광원에서 나와 검출기에 도달하는 사건을 보다 단순한 몇 개의 사건들로 세분하여 고찰하였다. 그러나 그 단순한 사건 역시 더 단순한 사건으로 쪼갤 수 있을 것이다. 이 과정은 한없이 되풀이될 수 있는 것인가? 아니면 어떤 기본적인 한계가 있는 것인가? 자연에서 일어나는 복합적인 현상들을 연출해내는 기본행위(더 이상 쪼갤 수 없는 단순한 과정)는 과연 존재하는 것인가?

그렇다. 양자전기역학은 세 개의 기본사건만으로 빛과 전자에 관련된 모든 현상을 설명하고 있다.

그 세 가지의 기본 행위를 설명하기 전에, 먼저 등장하는 배우들을 자세하게 소개하는 것이 좋겠다. 그 배우란 다름 아닌 광자와 전자이다. 빛 알갱이인 광자는 앞에서 이미 길게 설명하였으므로 여기서는 생략하자. 전자는 1895년에 발견되었다. 이 전자는 한 개, 두 개, 셀 수도 있으며, 전하량을 측정할 수 있으므로 입자임이 분명하다. 점차적으로 이 입자들의 운동은 전선속의 전류 흐름의 원인이라는 것이 분명해졌다.

전자가 발견되고 난 뒤, 사람들은 원자를 작은 태양계라고 생각했다. 즉, 원자의 중심에는 무거운 핵이 있고 그 주위를 전자가 행성처럼 '궤도를' 돌고 있다고 믿었다(여러분은 이런 고리타분한 생각을 믿지 않을 것이다). 그러나 1924년, 루이 드 브로이 ***Louis De Broglie*** 는 전자도 역시 파동적 특성을 갖고 있다는 놀라운 예언을 하였으며, 벨 연구소에 근무하던 데이비슨 ***C. J. Davisson*** 과 거머 ***L. H. Germer*** 는 곧바로 그 예언을 실험적으로 입증하였다. 이 발견으로 물리학의 뿌리가 흔들리기 시작했다.

광자는 거시적 영역에서는 직진, 굴절, 반사 등과 같은 통상의 법칙을 따른다. 왜냐하면 최소시간 경로 주변에 충분히 많은 다른 경로들이 있어서 서로 보강되고, 서로 상쇄되기 때문이다. 그러나 미시적 영역에서는 그러한 법칙들이 무의미해진다. 예컨대 광자가 스크린에 뚫린 작은 구멍을 지나갈 경우 빛은 직진하지 않으며, 그 결과 두 구멍에 의한 간섭효과가 생긴다. 이 같은 상황은 전자의 경우에도 일어난다. 전자는 거시적 영역에서는 입자처럼 행동하지만, 원자 내부와 같은 극미의 영역에서는 파동처럼 행동한다. 거기에는 전자의 주된 경로라 할 그 어떤 것도 존재하지 않으며, 전자는 나름대로의 불가사의한 방식으로 존재하고 있다. 이 전자의 위치를 예측하기 위해서는 각 화살표들을 모두 더해야 하며, 이때 간섭효과가 크게 나타난다.

이처럼 전자는 처음에는 입자로 보였지만 그 후에 파동적 성격이 발견되었다. 이와는 반대로, 빛이 일종의 입자라고 생각했던 뉴턴의 실수를 눈감아 준다면, 빛은 처음에 파동이라고 간주되었다가 후에 입자적 성격도 갖고 있음이 발견되었다. 실제로 광자와 전자는 때로는 파동처럼, 때로는 입자처럼 행동한다. 이런 존재를 나타내는 언어로 웨이비클 *wavicle* 같은 신조어가 있긴 하지만, 우리는 이들을 입자라고 부르기로 하자. 하지만 그 입자들이 지금까지 설명했던 화살표의 물리학을 따른다는 사실을 잊지 말자. 더 나아가서 자연에 존재하는 모든 입자(쿼크, 글루온, 뉴트리노, 등등)들도 이러한 양자역학적 방식으로 행동한다는 점 또한 잊지 말아야 하겠다.

파인만의 시공도식

자, 이제 빛과 전자가 연출해내는 세 가지의 기본 행위를 살펴보자.

행위 1 : 광자가 이곳에서 저곳으로 움직인다.

행위 2 : 전자가 이곳에서 저곳으로 움직인다.

행위 3 : 전자가 광자를 방출하거나 흡수한다.

이들 각 행위의 확률진폭(화살표)은 특수한 규칙에 따라 계산한다. 원자핵과 중력을 제외한 우주 내의 모든 삼라만상을 설명하는 이 규칙에 관하여 알아보자.

먼저 이 행위들이 전개되는 연출무대는 공간 ***space*** 이 아니라 시간과 공간 ***space and time*** 임을 명심해야 한다. 지금까지 우리는 문제를 단순하게 만들기 위해 시간(광자가 광원을 떠나는 시간, 광자가 검출기에 도달하는 시간 등등)을 무시했던 것이다. 실제로 우리가 살고 있는 공간은 삼차원이지만, 그래프에는 직선(일차원)으로 표시하도록 하자. 즉, 수평축은 공간을, 수직축은 시간을 나타내는 그래프에 사건의 위치를 표시하기로 한다.

시간과 공간(줄여서 시공간 ***space-time*** 이라 부른다) 상에 등장하는 우리의 첫 번째 손님은 정지해 있는 야구공이다(그림 52 참조).

목요일 아침(이 시간을 T_0라고 표시하자)에 야구공은 X_0로 표시한 장소에 있다. 야구공은 정지해 있으므로 잠시 후 T_1시간에도 같은 장

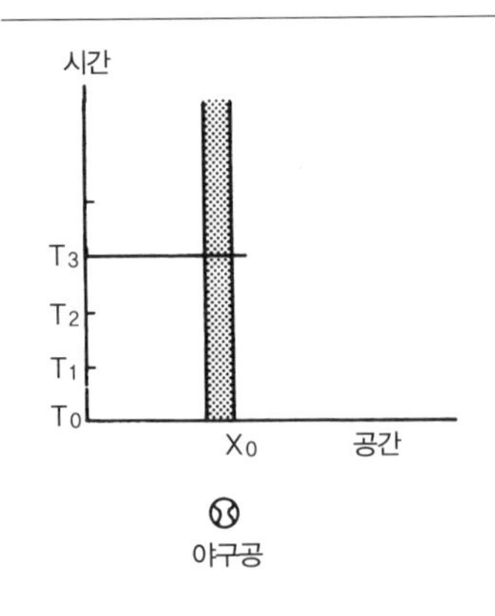

그림 52. 우주에 있는 모든 행위는 시공간이라는 무대에서 연출되고 있다. 일반적으로 시공간은 4차원(3차원의 공간과 1차원의 시간)이지만, 여기서는 2차원(수평축으로 표시된 1차원의 공간과 수직축으로 나타낸 1차원의 시간)으로 표시하였다. 정치해 있는 야구공을 볼 때마다(예컨대 T_3 시간에) 야구공은 같은 장소에 있다. 따라서 시간이 흐르면서 야구공의 띠는 위로 똑바로 뻗어 나간다.

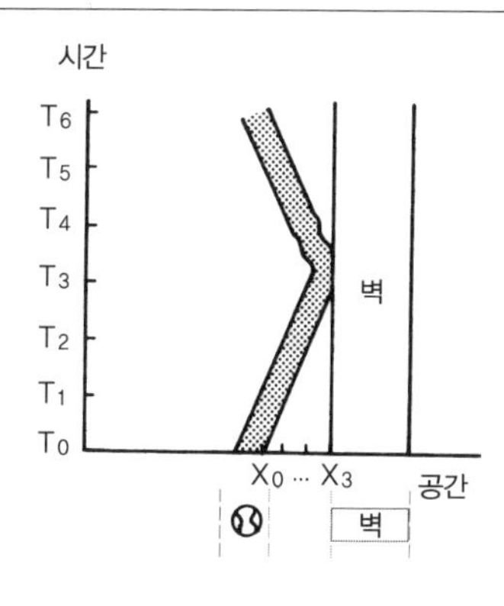

그림 53. 야구공이 벽에 수직으로 입사했다가 원래의 장소로 되튀는 운동은 경사진 야구공띠로 그래프 상에 나타난다. 시간 T_1과 T_2에 야구공은 벽에 다가가고 있으며 T_3에 부딪히고 다시 원래 장소로 되돌아간다.

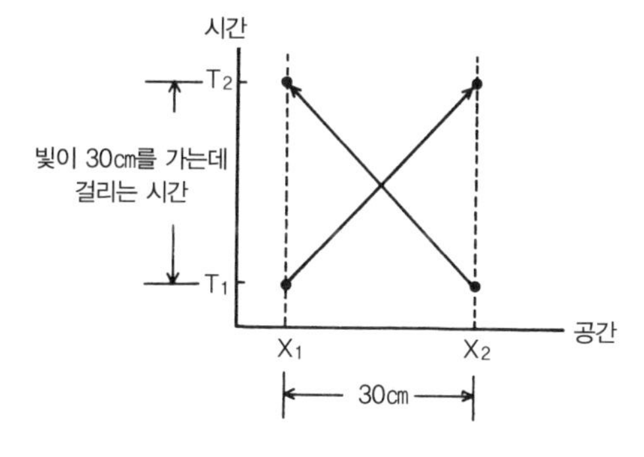

그림 54. 우리가 택한 시간 척도에 따르면 빛속도로 움직이는 입자는 45°의 경사진 직선을 따라 움직인다. 그림에서 빛이 30㎝를 가는데 걸리는 시간은 대략 10억분의 1초 정도이다.

소에 존재한다. 시간이 더 흐른 T_2에도 야구공은 X_0에 계속 정지해 있다. 따라서 정지해 있는 야구공의 시공도식은 위로 똑바로 뻗은 수직의 띠(띠의 폭은 야구공의 지름에 해당한다)가 된다.

그렇다면 무중력의 방에서 벽을 향하여 똑바로 던진 야구공의 시공도식은 어떻게 그려질까? 목요일 아침(T_0)에 야구공은 X_0에서 벽을 향하여 출발한다. 시간이 조금 흐른 후 야구공은 같은 장소에 있는 것이 아니라 X_1으로(벽쪽으로) 이동한다. 야구공이 벽을 향하여 운동함에 따라 시공도식 위에는 사선의 띠가 그려질 것이다(그림 53 참조). 야구공이 벽을 때릴 때, 야구공은 잠시 멈칫하며, 따라서 이때 짧은 수직의 띠가 그려질 것이다. 그 뒤 야구공은 출발했을 때와 같은 장소(X_0)로 되돌아가지만 그때의 시간은 T_0가 아닌 T_6가 될 것이다.

그러나 광자와 전자는 매우 빠른 속도로 움직이기 때문에, 초단위로 시간을 헤아린다면 그 운동을 시공도표 위에 그릴 때 매우 불편하다. 따라서 '빛이 1m를 움직이는 데 걸리는 시간'을 새로운 단위로 선택하자. 이 단위를 사용하면 빛속도로 움직이는 물체들은 시공좌표 상에 45° 로 기울어진 직선으로 표현된다(그림 54 참조).

세 가지 기본 도식

먼저 광자가 A에서 B로 움직이는 행위를 생각해보자. 이 행위는 A와 B를 연결하는 구불구불한 물결선으로 표시한다. 물결선으로 그리는 데에 특별한 이유는 없다. 위치 A(X_1, T_1)에 있는 광자는 위치 B(X_2,

그림 55. 광자가 A에서 B로 움직이는 확률진폭 P(A→B)는 공간간격(X_2-X_1)과 시간간격(T_2-T_1)의 함수로 표현된 특정 공식을 통하여 계산할 수 있다. 실제로 그 진폭은 '간격 interval'이라고 부르는 양 $(X_2-X_1)^2-(T_2-T_1)^2$에 단순한 역함수이다.

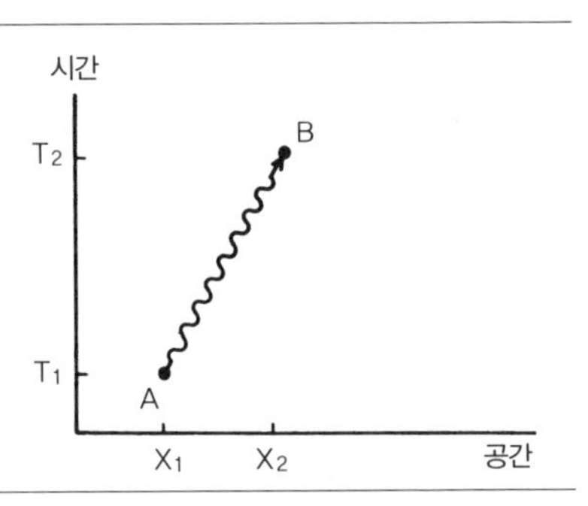

T_2)로 운동할 확률진폭을 갖고 있다. 그 진폭의 크기, 즉 화살표의 길이를 P(A→B)라 부르기로 하자(그림 55 참조).

이 P(A→B)는 A와 B사이의 위치의 차이(X_2-X_1과 T_2-T_1)를 변수로 하는 단순한 함수이다.* 이 공식은 단순하긴 하지만 자연의 위대한 법칙 중 하나이다.

이 공식에 의하면 속도 c로 움직이는 빛만이 확률진폭 P(A→B)에 기여하는 것이 아니다. c보다 느리게 가거나 빨리 움직이는 빛도 역시

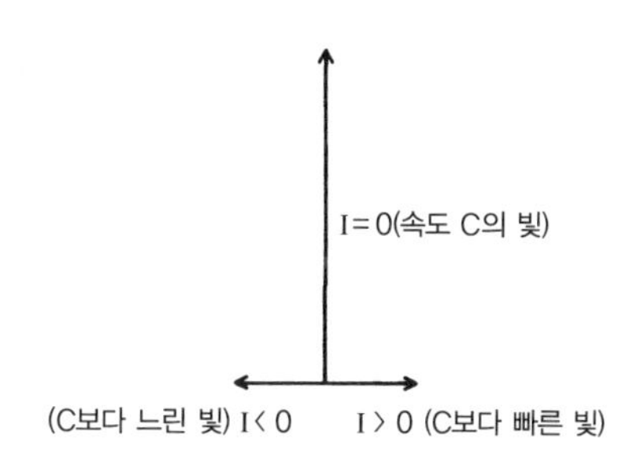

그림 56. 빛이 c로 움직일 때 간격 I는 0이 되며, 따라서 12시 방향에 가장 큰 기여를 하게 된다. I가 0보다 클 때는 I에 반비례하므로 3시 방향으로 작은 기여를 한다. I가 0보다 작을 때는 9시 방향으로 기여한다. 따라서 빛이 c보다 빠르게 또는 느리게 달리는 경우에는 확률진폭이 존재하긴 하지만, 빛이 긴 거리를 지나는 동안 그들은 서로 상쇄된다.

* *이 강연에서는 X축의 일차원 직선상에 공간상의 위치를 표시했다. 그러나 실제의 공간은 3차원이므로 위치를 표시하려면 X축 대신에 하나의 방이 설치되어 있어야 하며, 방바닥에서부터 A점까지의 거리와, 서로 직각으로 교차하는 두 벽에서 A점까지의 거리를 측정해야 한다. 이렇게 측정한 세 양을 X_1, Y_1, Z_1이라고 표시하자. 이때 A(X_1, Y_1, Z_1)에서부터 B(X_2, Y_2, Z_2)까지의 실제 거리는 피타고라스 정리를 사용하여 계산할 수 있다. 이 공간간격과 시간간격 사이의 차를 때때로 '간격' 또는 I라고 부르며, 확률 P(A→B)는 바로 이 간격 I와 직접적으로 관계되어 있다. P(A→B)에 가장 큰 기여를 하는 곳은 공간간격과 시간간격이 같아서 I가 0이 되는 곳이다. 그러나 I가 0이 아닌 곳의 기여도 존재한다. 그 양은 I에 반비례한다. I가 0보다 클 때(빛이 c보다 빠를 때)는 3시 방향을 가리키고, I가 0보다 작을 때는 9시 방향을 가리킨다. 따라서 이 양들은 거의 대부분 상쇄된다(그림 56 참조).*

P(A→B)에 기여한다. 여러분은 빛이 항상 직진하는 것만은 아니라는 사실을 지난번 강연에서 알게 되었다. 이와 더불어, 빛이 항상 c라는 일정한 속도로 운동하는 것만도 아니라는 것을 이 기회에 알아주기 바란다.

광자가 c보다 느리게 또는 빠르게 움직이는 확률진폭을 갖고 있다는 사실에 여러분들은 놀라움을 느낄 것이다. 이런 광자가 존재할 확률진폭은 c로 움직이는 광자의 확률진폭과 비교할 때 대단히 작다. 사실 이 진폭은 빛이 긴 거리를 움직일 때는 상쇄되므로, 거시적 영역에서는 c로 달리는 광자만이 존재하게 된다. 그러나 짧은 거리를 움직일 때(내가 앞으로 그릴 대부분의 도식이 여기에 속한다) 그 광자들은 매우 중요한 역할을 한다.

지금까지 살펴본 광자의 운동은 가장 기본적인 행위이며, 물리학의 첫 번째 기본법칙이다. 이 법칙은 빛에 관한 모든 것을 설명하고 있다. 하지만 편광현상을 비롯하여 빛과 물질의 상호작용을 취급하기 위해서는 두 번째 법칙이 필요하다.

자, 이제부터 양자전기역학의 토대가 되는 두 번째 행위 즉, 전자가 시공내의 A점에서 B점으로 움직이는 행위에 대하여 생각해보자(앞으로 우리는 편광현상이 없는 단순한 전자를 주로 다룰 것이다.) 물리학자들은 이 전자를 '스핀 ***spin*** 0인 전자'라고 부른다. 실제의 전자는 스핀편광을 갖고 있지만, 이것은 공식을 약간 복잡하게 할 뿐 앞으로 펼칠 논리에는 아무런 영향을 주지 않는다. 이 두 번째 행위의 확률진폭을 E(A→B)라고 표현하자. 이 진폭은 앞에서 언급했던 (X_2-X_1),

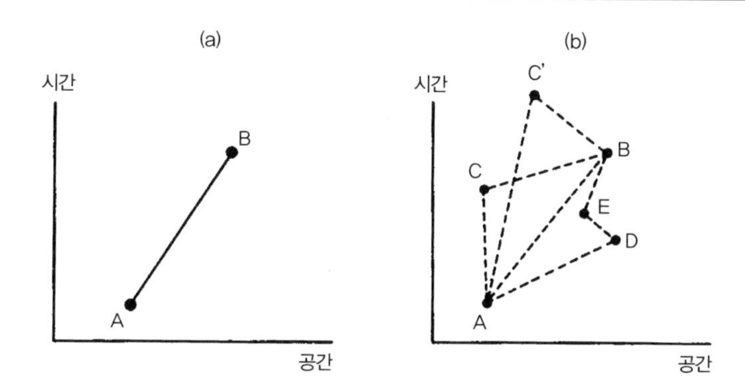

그림 57. 전자는 점 A에서 점 B로 갈 확률진폭을 갖고 있으며, 이를 E(A→B)로 표시한다. 비록 E(A→B)를 A, B점을 연결하는 직선으로 표시하긴 했지만(a), 그 속에는 많은 경로들의 확률진폭이 포함되어 있다(b). 예컨대 A에서 B로 직접 가는 경로, C나 C'을 거쳐 가는 두 번 뛰는 경로, D와 E를 거쳐 가는 세 번 뛰는 경로 등등…. 즉, 전자는 도중에 얼마든지 방향을 바꿀 수 있으므로, 전자가 A에서 B로 갈 때, 거쳐 가는 지점 역시 무한히 많다. 그 모든 것이 E(A→B) 속에 포함되어 있다.

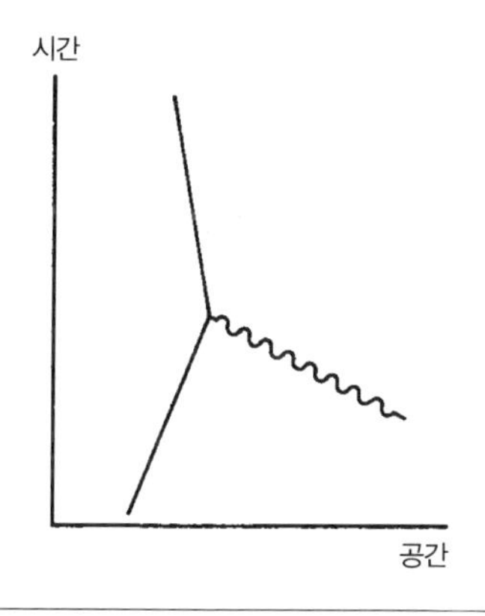

그림 58. 직선으로 묘사된 전자는 물결선으로 그려진 광자를 흡수하거나 방출할 확률진폭을 갖고 있다. 방출과 흡수의 확률진폭이 같으므로, 이 두 경우 모두 결합이라 부른다. 이 결합의 진폭은 내가 j라고 한 숫자에 해당되며, 그 값은 전자의 경우 대략 −0.1 정도이다(이 숫자를 전하라고 부르기도 한다).

(T_2-T_1), 및 숫자 **n**의 함수로 표현된다. 여기서 **n**은 계산값이 실험값에 일치하도록 만들어주는 숫자이다(**n**의 값을 결정하는 방법에 대해서는 뒤에 설명하겠다). 이 공식은 너무 복잡해서 도저히 설명할 방법이 없다. 이 점 여러분께 사과한다. 그렇지만 흥미롭게도 **n**이 0인 경

우에 E(A→B)는 공식 P(A→B)와 동일해진다.*1

세 번째로 전자가 광자를 방출하거나 흡수하는 행위를 살펴보자. 전자가 광자를 흡수하는 것과 방출하는 것은 근본적으로 같은 행위이다. 앞으로는 이 행위를 정합 ***junction*** 또는 결합 ***coupling*** 이라 부르겠다. 시공을 진행하는 전자의 도식은 광자와 구별하기 위하여 물결선이 아닌 직선으로 표현한다. 따라서 세 번째 행위는 두 개의 직선과 하나의 물결선이 만나는 결합점이 된다(그림 58 참조). 전자가 광자를 방출하거나 흡수하는 확률진폭에 대한 공식은 매우 간단하다. 그 공식은 단지 하나의 숫자일 뿐이다. 이 숫자를 j로 표시하자. 그 값은 대략 −0.1(1/10로 줄여서 반 바퀴 회전시킨 값) 정도이다.*2

지금까지 세 가지 기본 행위에 관하여 대략 살펴보았다. 우리가 항상 무시해왔던 편광현상을 제외하고 말이다. 이제부터 할 일은 이들 세 가지 행위를 서로 결합하여, 복잡하기 그지없는 자연현상들을 이

*1 *E(A→B)에 대한 공식은 복잡하지만 그 의미를 설명하는 재미있는 방법이 하나 있다. 전자는 다양한 경로로 A에서 B로 갈 수 있다. 예를 들어 A에서 B까지 직접 가거나, 중간점 C에 잠시 멈추었다 가거나, 중간점 D, E에 잠시 멈추었다 가는 등등…(그림 57참조). E(A→B)는 이러한 모든 가능성을 모두 합한 값이다. 이때 F에서 G로 가는 확률진폭은 P(F→G)와 동일하다. 또한 잠시 멈추는 확률진폭은 n^2으로 표시된다. 여기서 n은 앞에서 언급한 바와 같이 우리의 계산을 올바르게 만들어 주는 숫자이다.*

따라서 E(A→B)공식은 다음과 같은 항들의 합으로 표시된다.

$E(A\to B)=P(A\to B)+P(A\to C)\times n^2\times P(C\to B)+P(A\to D)\times n^2\times P(D\to E)\times n^2\times P(E\to B)\cdots$

n의 값이 클 때에는 두 번 뛰기 이상의 경로들이 E(A→B)에 크게 기여를 하지만, n이 0일 경우에는 n을 포함하는 모든 항이 0이 되므로 첫 번째 항인 P(A→B)만이 남게 된다. 따라서 E(A→B)와 P(A→B)는 서로 밀접하게 연관되어 있다.

*2 *광자를 흡수하거나 방출하는 확률진폭에 해당하는 이 숫자를 때때로 입자의 전하 charge라 부른다.*

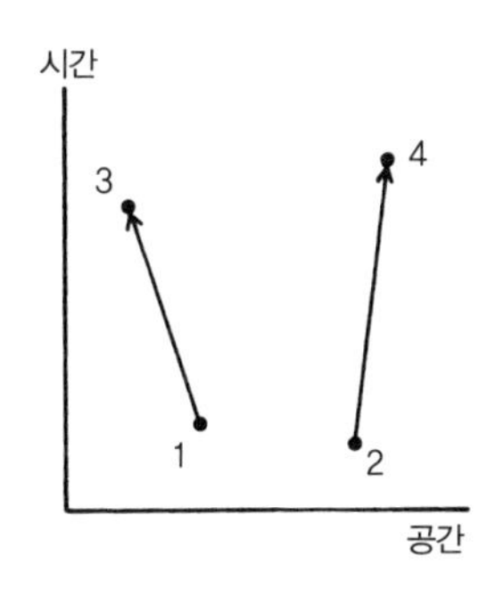

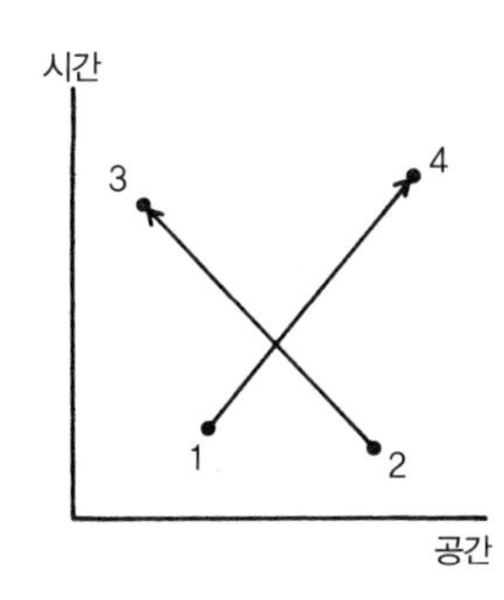

그림 59. 점 1, 2에 있는 두 전자가 점 3, 4에 도달할 확률은 다음과 같이 계산한다. 1이 3으로, 2가 4로 가는 각각의 화살표를 공식 E(A→B)를 이용하여 계산한 후 이 둘을 서로 곱하여 첫 경로의 화살표를 계산한다. 그 다음에 1이 4로, 2가 3으로 가는 두 번째 경로(교차 상태)의 화살표를 계산한다. 이 두 경로의 화살표를 더하여 최종 화살표를 얻을 수 있다. 이것은 근사적인 계산이지만, 매우 정확한 결과를 얻을 수 있다(이 근사는 가공의 '스핀 0'인 전자에게는 잘 맞는다. 그러나 전자의 편광을 고려하면 두 화살표를 더하는 것이 아니라 빼주어야 한다).

해하는 것이다.

전자와 전자의 충돌

일례로서 시공내의 점 1과 2에 있는 두 전자가 점 3과 4에 도달할 확률을 계산해보자(그림 59 참조). 이 사건은 여러 가지 경로로 일어날 수 있다. 첫 번째 경로는 1에 있는 전자가 3으로 가고(이를 E(1→3)이라 표현하자) 2에 있는 전자가 4로 가는 두 개의 사건으로 구성되어 있다. 이 두 개의 부분사건은 함께 일어나고 있으므로, 각각에 대응하는 두 개의 작은 화살표를 곱해야 한다. 그러므로 이 경로의 화살표는

E(1→3)×E(2→4)로 표현된다.

또한 전자 1이 4로, 전자 2가 3으로 가는 경로도 가능하다. 이 경로의 화살표는 E(1→4)×E(2→3)이며, 이 결과를 방금 전에 구한 결과에 더해야 한다.*

이 정도까지만 계산해도 실험값에 거의 일치하게 된다. 그러나 보다 정확한 계산을 원한다면, 더욱 복잡한 경로들을 고려해야 한다. 예를 들어, 한 전자가 점 5에서 광자를 방출하고 다른 전자가 그 광자를 흡수하며 가는 경로 등을 생각할 수 있다(그림 60 참조). 이 새로운 경로의 확률진폭은 각 부분사건의 확률진폭을 곱해서 얻는다.

한 전자가 1에서 5로 가는 과정, 5에서 광자를 방출하는 과정, 5에서

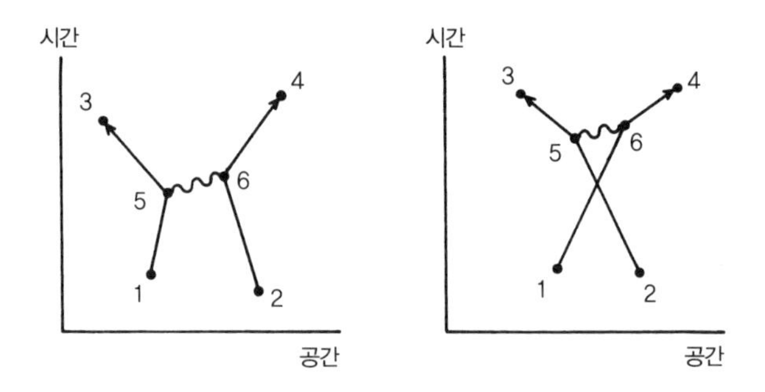

그림 60. 그림 59에 제시한 사건은 위 그림과 같이 더 복잡한 경로로 일어날 수도 있다. 하지만 이 두 경로의 처음과 마지막 상태(두 개의 전자가 움직여서 두 개의 전자가 검출되는 상태)는 그림 59와 동일하므로 모두 같은 현상의 범주에 속한다. 그러나 보다 정밀한 최종 화살표를 얻기 위해서는 이 두 경로에 대한 화살표를 그림 59에 첨가시켜야 한다.

* *전자의 편광효과를 고려한다면 두 번째 경로의 화살표를 더하는 것이 아니라 빼야 한다(이에 관한 보다 상세한 이야기는 오늘 강연의 뒷부분에서 다루기로 하겠다).*

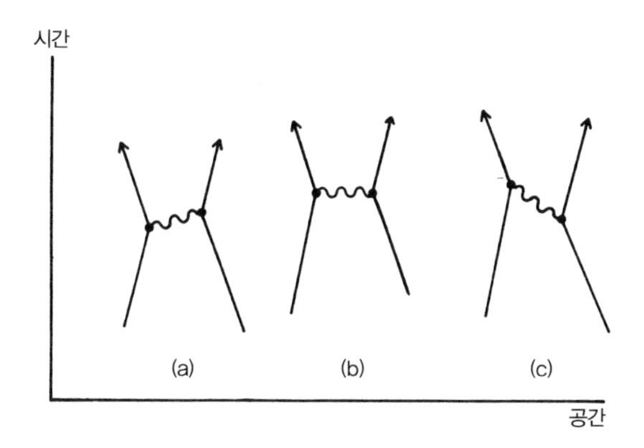

그림 61. (b)의 경우 광자는 동시에 방출되고 흡수되었으며, (c)의 경우 광자는 흡수되고 나서 방출되었지만, 빛은 c보다 더 빨리 또는 늦게 갈 수도 있으므로 이들 세 경우 모두 광자는 5에서 방출되어 6에서 흡수되었다고 생각할 수 있다. 그러나 (c)의 경우에 광자는 6에서 방출되고 5에서 흡수되었다고 여러분은 말하고 싶을 것이다. 그렇게 말하지 않는다면 광자는 시간을 거슬러 과거로 움직여 간 것이 된다! 그러나 계산에 관한 한 이 모두는 동일한 사건이다. 따라서 우리는 '하나의 광자가 교환되었다'고 간단히 말하고, 공식 P(A→B)에 시공상의 위치를 대입하면 그만인 것이다.

3으로 가는 과정, 다른 전자가 2에서 6으로 가는 과정, 6에서 광자를 흡수하는 과정, 6에서 4로 가는 과정, 또한 여기에 광자가 5에서 6으로 가는 과정의 확률진폭도 고려해 주어야 한다. 이 경로의 확률진폭은 $E(1 \to 5) \times j \times E(5 \to 3) \times E(2 \to 6) \times j \times E(6 \to 4) \times P(5 \to 6)$으로 표현된다. 이것은 조금 어려운 수학적 표현이긴 하지만, E와 P의 의미를 신중하게 생각해보면 화살표의 수축이나 회전과 같은 방식으로 이해할 수 있을 것이다. 또, 남은 하나의 경로(1에 있는 전자가 4에 도달하고 2의 전자가 3에 도달하는)에 해당되는 도식의 표기는 여러분 각자가 생각해보기 바란다.*

잠깐! 여기서 5와 6이라는 위치는 시공상에 정해져 있는 특정한 지점이 아니다. 5와 6이라는 지점은 시공간 내의 어떤 점이라도 상관없다. 따라서 모든 점에 대한 화살표들을 계산하여 이것까지 첨가해야 한다. 여러분도 짐작하겠지만 이것은 대단히 힘든 일이다. 그러나 그 법칙은 매우 단순하다. 그것은 장기놀이와 비슷하다. 장기의 규칙은 단순하지만 그 단순한 규칙에 따라 말을 계속해서 움직여 나가면 매우 복잡한 게임이 되는 것과 마찬가지이다. 따라서 계산의 난점이란, 산더미처럼 많은 화살표들을 모두 더하는 일이다. 이러한 이유 때문에 대학원생들은 이 일을 효율적으로 계산하는 방법을 배우는 데 4년 정도의 기간이 걸린다. 그들에게 이것은 매우 쉬운 문제이다(너무 어려워질 경우에는 컴퓨터를 이용하여 계산하면 된다).

광자가 방출되고 흡수되는 데에는 재미있는 문제가 있다 : 만약 점

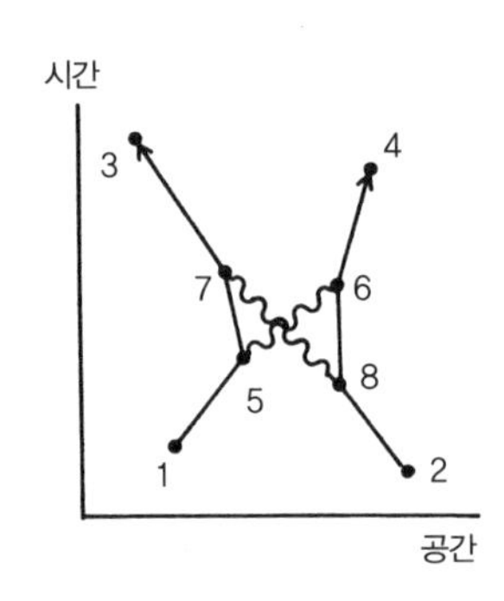

그림 62. 아직도 그림 59의 사건에는 두 개의 광자를 교환하며 일어나는 또 다른 경로가 가능하다. 이 경로에는 많은 가능성이 존재한다(잠시 후 보다 자세한 예를 들어 보일 것이다). 그 중 하나가 바로 이 그림이다. 이 경로에 대응하는 화살표는 중간점 5, 6, 7, 8을 포함하고 있으며 그 계산은 대단히 힘들다. j 의 값이 0.1보다 작기 때문에 이 화살표의 길이는 그림 59에 표시된 두 경로의 화살표와 비교할 때 일반적으로 1/10,000 정도 더 작다. 왜냐하면 그림 59의 경로는 j를 포함하고 있지 않지만 이 경로는 네 개의 j를 포함하고 있기 때문이다.

* *다소 복잡해 보이는 이 경로들의 처음과 마지막 상태는 그림 59의 단순한 경로(전자가 1과 2에서 출발하여 3, 4에 도달하는 경로)와 동일하므로 우리는 이들을 서로 구분할 수 없다. 그러므로 이 두 경로의 화살표를 그림 59의 두 화살표에 첨가해 주어야만 한다.*

6이 점 5보다 미래라면 광자는 5에서 방출되어 6에서 흡수되었다고 말해야 한다(그림 61 참조). 그러나 6이 5보다 과거라면, 광자는 6에서 방출되어 5에서 흡수되었다고 말해야 한다. 그렇지만 이 경우에도 '광자는 5에서 6으로 즉, 미래에서 과거로 달려가고 있다' 고 말할 수도 있다. 이때 광자가 어떻게 과거로 달려갔는지에 관하여 걱정할 필요는 없다. 모든 것은 P(5→6)라는 공식 속에 포함되어 있다. 따라서 아무 걱정 없이 '그저 하나의 광자가 교환되었다' 라고 말하면 그만인 것이다. 보라, 자연은 얼마나 단순하고 아름다운가!*

5와 6 사이에 교환된 광자 외에도, 또 다른 광자가 7과 8 사이에서(그림 62 참조) 교환될 가능성도 있다. 이 경우 곱해야 할 화살표가 너무 많기 때문에 일일이 쓰진 않겠다. 그렇지만 여러분도 알고 있듯이, 직선에는 E(A→B)를, 물결선에는 P(A→B)를, 그리고 결합점에는 j를 대응시켜 적으면 된다. 따라서 모든 가능한 5, 6, 7, 8에 대해서 6개의 E(A→B)와 2개의 P(A→B), 그리고 4개의 j가 존재하게 된다. 이 경우 서로 곱하고 더해야 할 작은 화살표는 수십억 개에 달한다.

이 단순한 사건의 확률진폭을 계산하는 일은 거의 불가능한 일처럼 보인다. 하지만 당신이 박사 학위를 받으려는 대학원생이라면 이 일을 반드시 완수해야 한다.

좌절할 필요는 없다. 아직도 희망은 있다. 그것은 마술적인 숫자 j속에 들어 있다. 이 사건이 일어날 수 있는 처음의 두 경로는 j를 포함하

* *이처럼 실험의 초기 상태나 마지막 상태에는 결코 존재하지 않는 교환광자를 때때로 가상광자virtual photon라고 부른다.*

고 있지 않으나, 다음 경로는 j^2을, 마지막 경로는 j^4을 포함하고 있다. j^2은 백분의 일 정도이므로, 이 경로의 화살표의 길이는 처음 두 경로의 화살표의 길이보다 일반적으로 백분의 일 정도 작다. j^4을 갖고 있는 화살표의 길이는 j를 갖고 있지 않은 화살표의 길이와 비교할 때 만분의 일 정도로 줄어든다. 따라서 적당한 선에서 계산을 멈추면 될 것이다. 그러나 만약 당신이 컴퓨터를 쓸 충분한 시간을 갖고 있다면, j^6을 포함하는 항들(백만분의 일 정도) 또는 그 이상의 항들까지 계산하여 정밀한 실험치와 비교할 수도 있을 것이다. 지금까지 우리는 단순한 하나의 사건이 일어날 확률을 계산하는 방법을 살펴보았다.

빛의 산란

자, 이제 또 다른 사건을 생각해보자. 전자와 광자가 서로 충돌했다가 흩어지고 있다고 하자. 이 과정을 빛의 산란이라 부른다. 이 산란 과정에서는 전자가 광자를 흡수한 후에 잠시 움직이다가 새로운 광자를 방출하는 경로의 확률진폭이 가장 크다. 이 진폭을 계산할 때 몇 가지 특별한 가능성들을 더 고려해야 한다(그림 63참조). 예를 들어 전자는 광자를 흡수하기 전에 먼저 광자를 방출 할 수도 있으며(b), 보다 더 기이하게 전자가 광자를 방출한 후 시간을 거슬러 과거로 가서 광자를 흡수하고, 다시 미래로 움직여가는 (c)의 과정도 가능하다. 실제 실험에서도, 이러한 현상이 나타나므로 과거로 움직이는 전자의 경로가 존재한다고 말할 수 있다. 이러한 행위는 공식 E(A→B)와 그림 63의

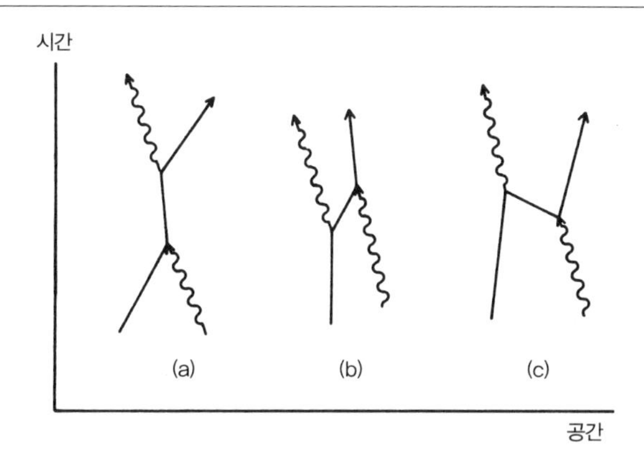

그림 63. 빛의 산란은 광자가 전자에 흡수되었다가 다시 방출되는 과정(그러나 (b)에서 볼 수 있듯이 그 순서가 정해져 있는 것은 아니다)으로 이루어져 있다. (c)는 기이하지만 실제로 일어날 수 있는 도식이다. 이때 전자는 광자를 방출하고 시간을 거슬러 과거로 운동한 후 광자를 흡수한 다음 다시 미래로 운동을 계속한다.

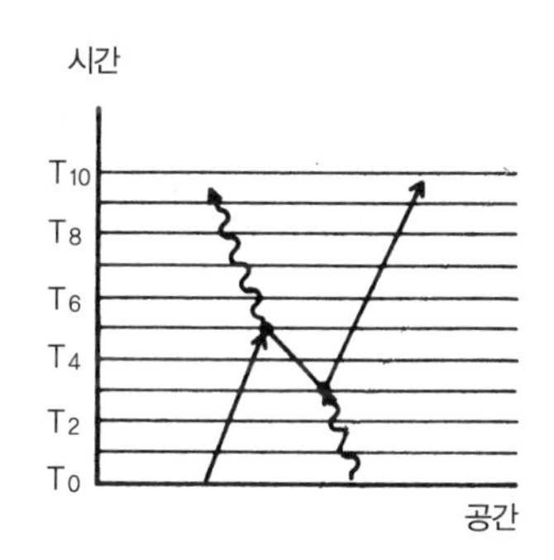

그림 64. 그림 63의 (c)를 미래로 움직여 가면서 생각해보자(실험실에 있는 우리는 미래로만 움직일 수 있다). T_0 와 T_3 사이에서 전자와 광자는 서로를 향하여 움직이고 있다. 순간적으로 T_3에서 광자는 두 개의 입자(전자와 양전자)로 붕괴된다. 이 양전자는 과거로 움직이고 있는 전자이며, 이때 생성된 양전자는 원래의 전자를 향하여 움직여 간다. 그리하여 T_5에서 양전자는 이 전자와 함께 소멸하면서 새로운 광자를 만들어낸다. 반면에, 초기의 광자가 만든 전자는 시공 속에서 미래를 향하여 계속 움직이고 있다. 이것이 바로 실험실에서 관측되는 사건의 순서이며, 이 모든 것은 수정할 필요 없이 공식 E(A→B) 공식 속에 자동적으로 내포되어 있다.

도식 속에 포함되어 있다.

과거로 움직이는 전자는 미래로 흘러가는 시간의 관점에서 볼 때 통상적인 전자(미래로 움직이는 전자)와 인력을 주고받는다는 점(즉, 양전하 ***positive charge*** 를 갖고 있다는 점)을 제외하고는 통상의 전자와 다를 것이 없다(편광효과를 고려하면, 과거로 움직이는 전자에 대한 j의 부호, 즉 전하가 +로 변하는 이유가 분명해진다). 이러한 이유로 이를 양전자 ***positron*** 라고 부른다. 양전자는 전자의 파트너인 반입자 ***anti-particle*** 이다.*

일반적으로 자연계에 있는 모든 입자는 시간을 거슬러 과거로 움직일 수 있는 확률진폭을 갖고 있으며, 따라서 자신의 파트너인 반입자를 갖고 있다. 입자가 자신의 파트너인 반입자와 충돌하면, 그 둘은 소멸되고 다른 입자들이 생성된다(전자와 양전자가 소멸하면 흔히 하나 또는 두 개의 광자가 생성된다). 그러면 광자에 대해서는 어떠할까? 광자는 시간을 거슬러 움직이면서 보았을 때에도 모든 면에서 완전히 동일하므로 자기 자신이 반입자이기도 하다. 이처럼 예외란 항상 있는 법이다.

미래로 움직이고 있는 우리에게 과거로 움직이는 전자가 어떻게 보이는지 생각해보자. 시각화를 돕기 위하여 여러 개의 평행선을 그어서 T_0에서부터 T_{10}까지의 여러 구간으로 시간을 나누어보자(그림 64 참조). T_0에서 전자와 광자는 서로를 향하여 움직이고 있다. 순간적으로 T_3에서 광자는 소멸되고 양전자와 전자를 생성한다. 이때 양전자는

* *디랙Dirac은 1931년에 반전자anti-electron의 존재를 예견하였으며, 그 다음해 칼 앤더슨Carl Anderson은 실험실에서 그 입자를 발견하고, 양전자라고 명명하였다. 오늘날 양전자는 쉽게 만들 수 있으며(광자 두 개를 서로 충돌시켜 만든다) 자기장 속에서 수주일간 보관할 수도 있다.*

전자를 향하여 움직이다가 얼마 지나지 않아 T_5에서 전자와 함께 소멸하면서 새로운 광자를 생성한다. 반면에 최초의 광자가 생성한 전자는 시공상을 계속 진행한다.

다음으로 원자 속에 있는 전자를 생각해보자. 원자 속의 전자의 행동을 이해하려면, 또 다른 존재인 원자핵(원자의 중심에 존재하는 양성자와 중성자로 구성된 무거운 입자)을 고려해야 한다. 원자핵은 매우 복잡한 규칙에 따라 행동하고 있으므로, 본 강연에서는 다루지 않겠다. 원자핵이 전자에 미치는 영향이 크지 않은 경우, 전자의 행동은 큰 값의 **n**을 갖는다. 또한 원자핵은 전자보다 대단히 무거우므로, 어느 한 장소에 정지해 있다고(시간축으로만 움직인다고) 가정하자.

가장 단순한 원자인 수소원자는 하나의 양성자와 하나의 전자로 이루어져 있다. 이 양성자는 광자를 교환함으로써 전자를 자신의 주위에서만 춤을 추도록 붙잡고 있다(그림 65 참조). 여러 개의 양성자와 전자를 갖고 있는 원자 역시 빛을 산란시킨다(하늘이 파란색으로 보

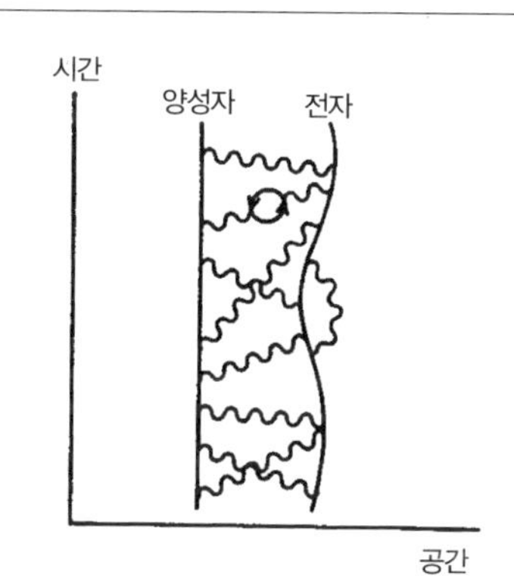

그림 65. 양성자(다음 강연 때 알게 되겠지만 양성자는 일종의 판도라 상자이다)와 전자 사이에 교환되는 광자에 의해서 전자는 원자핵 주위의 일정한 영역에 속박되어 있다. 또한 양성자는 정지입자로 볼 수 있다. 이 그림은 하나의 양성자와 전자로 구성된 수소원자에서 일어나고 있는 광자의 교환을 보여주고 있다.

이는 이유는 공기 중의 원자가 태양에서 오는 빛을 산란시키기 때문이다). 하지만 이러한 원자에 대한 도식은 한없이 복잡한 직선과 물결선으로 표현된다!

지금부터 수소원자에 있는 전자가 빛을 산란하는 도식을 자세히 살펴보자(그림66 참조). 전자와 원자핵이 많은 광자를 교환하고 있는 동안, 하나의 광자가 원자의 밖으로부터 들어와서 전자에게 흡수된다. 그 후 전자는 새로운 광자를 방출한다(일반적으로, 새로운 광자가 먼저 방출되고, 후에 광자가 흡수되는 경우를 비롯한 여러 가지 가능성도 함께 고려해야 한다). 이처럼 전자가 광자를 산란하는 모든 경로의 확률진폭을 합성하면 최종적인 하나의 화살표가 얻어 진다(이 화살표를 S라고 부르자). 그 총합은 원자핵의 종류와 원자내의 전자의 배열에 따라 달라지므로, 물질에 따라 다르게 된다.

부분반사

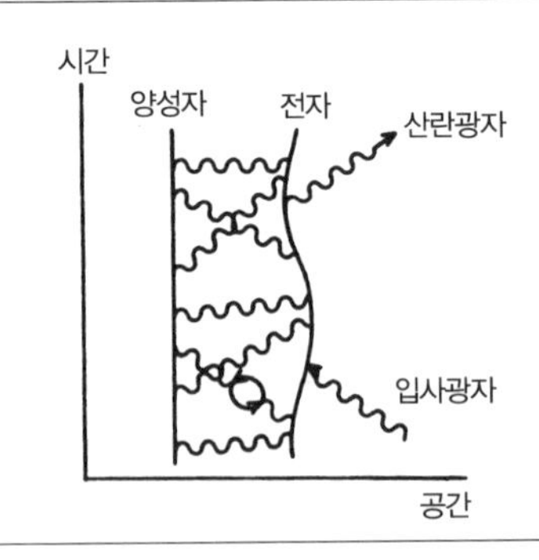

그림 66. 원자 내부의 전자에 의한 빛의 산란은 유리판에서 일어나는 부분반사와 비슷한 현상이다. 이 도식은 수소원자 내에서 일어날 수 있는 많은 가능성 중 하나를 보여주고 있다.

유리판에서 일어나는 부분반사현상을 다시 생각해보자. 이 현상을 어떻게 이해할 수 있을까? 빛은 유리의 양면, 즉 앞면과 뒷면에서 반사된다. 여기서 표면이란 문제를 단순화시키기 위해 사용한 말이다. 실제로 빛은 표면에서 반사되는 것이 아니라, 유리를 구성하고 있는 원자 내의 전자들에 의해 산란되므로 '새로운' 광자가 방출되어 감지기에 도달하는 것이다. 흥미롭게도 유리 속의 수십억 개의 전자들이 입사광자를 산란하는 확률진폭을 모두 더한 결과는 유리의 앞면과 뒷면에서 반사하는 두 개의 화살표만을 더한 결과와 일치한다. 지금부터 그 이유를 자세히 알아보기로 하자.

유리판에서 일어나는 반사현상을 새로운 관점에서 고찰하기 위해서는 시간을 고려해야만 한다. 앞에서 단색광원에서 방출되는 빛에 관한 이야기를 할 때, 우리는 광자가 움직이는 시간을 측정하는 가상의 초시계를 사용하였다. 이 초시계의 바늘은 주어진 경로를 지나가는 확률진폭, 즉 화살표의 각도를 결정해준다. 그러나 공식 **P(A→B)**를 말할 때 시계 바늘의 회전에 대해서는 전혀 언급하지 않았다. 이 경우 초시계의 바늘은 어떤 식으로 돌아갈 것인가?

첫 강연에서는 광원으로 단색광을 사용했다. 하지만 유리에서의 부분반사를 정확하게 분석하려면, 단색광을 보다 자세하게 살펴봐야 한다. 일반적으로 광원에서 방출되는 광자의 확률진폭*은 시간에 따라 변한다. 즉, 광자에 대한 확률진폭의 각도가 시간에 따라 변하는 것이다.

* 광자를 교환하는 확률진폭은 $-j \times P(A \to B) \times j$이다. 즉, 광자가 A에서 B로 이동할 확률진폭에 두 개의 결합점을 곱한 값이다. 여기서 양성자가 광자와 결합하는 결합점은 $-j$의 값을 갖고 있다.

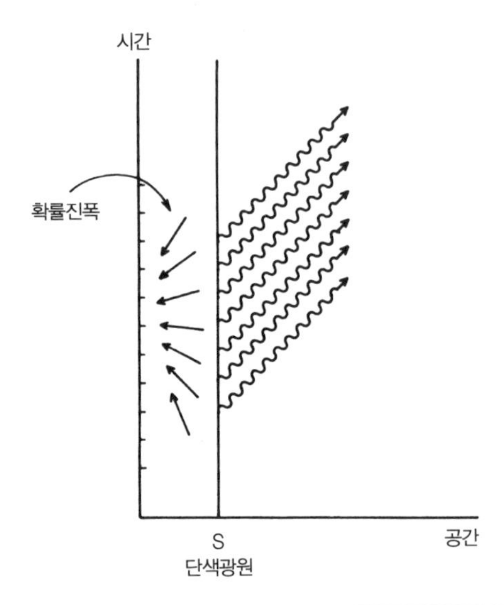

그림 67. 규칙적으로 광자를 방출하는 실험장치는 단색광원을 이용하여 쉽게 만들 수 있다. 이 때 특정 시간에 방출된 광자의 확률진폭은 우리의 시계 초침과는 반대 방향으로 회전한다. 따라서 광원에서 늦게 방출한 광자일수록 확률진폭은 작은 각도를 갖는다. 이 때 광원에서 방출된 모든 광자는 빛속도 c로만 움직인다고 가정한다(거리가 매우 멀기 때문이다).

백색의 광원(많은 색의 빛이 혼합되어 있는 광원)은 무질서하게 광자를 방출하고 있다. 따라서 백색광원의 경우 확률진폭의 각도는 불규칙적으로 변한다. 그러나 단색광을 이용할 경우에는 실험장치를 알맞게 배열하여 매순간 방출되는 광자의 확률진폭을 쉽게 계산할 수 있다. 그 각도는 마치 초시계의 바늘처럼 일정한 속도로 변한다. 실제로 그 화살표의 회전 비율은 전에 사용했던 가상의 초시계와 같지만 회전 방향이 반대이다(그림 67 참조).

바늘의 회전 속도는 빛의 색깔에 따라 다르다. 파란색 광원의 확률진폭은 붉은색 광원에 비해 거의 두 배 정도 빨리 회전한다. 따라서 우리가 사용하고 있는 가상의 초시계는 단색광원에서만 의미가 있다. 실제로, 하나의 경로에 대한 확률진폭의 각도는 광자가 광원에서 방

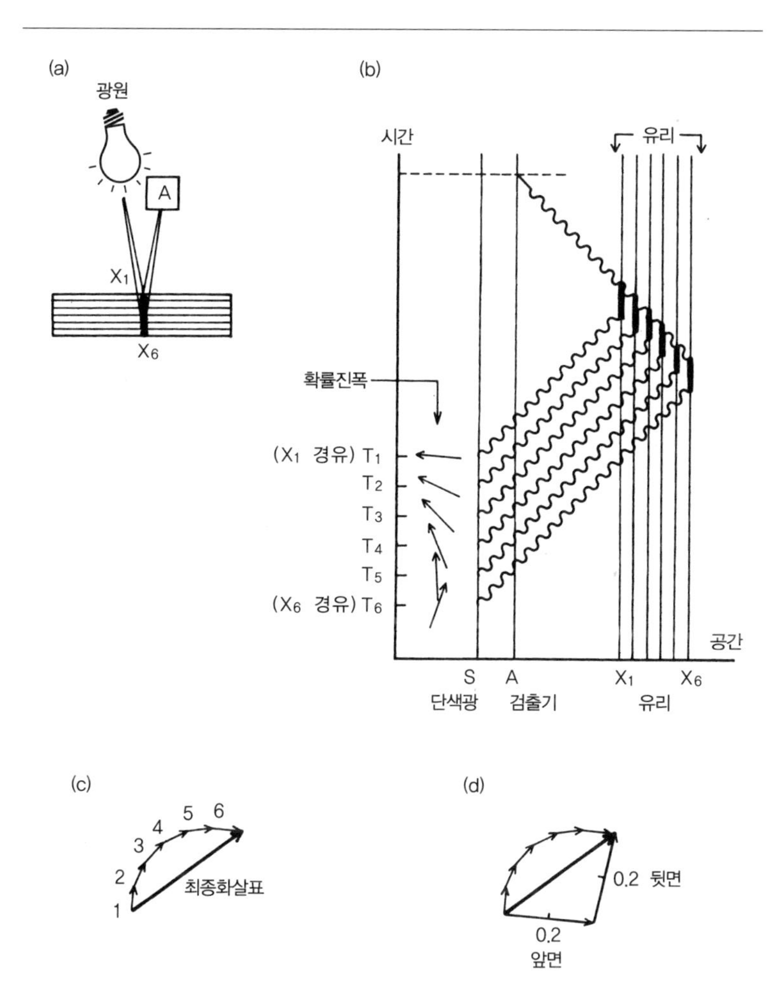

그림 68. 유리판에서 일어나는 부분반사현상을 새로운 방법으로 분석해보자. 한 장의 유리판을 6겹으로 얇게 썰고서, 빛이 광원에서 시작하여 유리에 반사되었다가 검출기 A로 돌아오는 가능한 여러 경로를 생각해보자. 유리판의 내부에서 빛의 산란진폭이 상쇄되지 않는 중요한 위치는 각 조각의 중앙 부근이다. 그림 (a)에 보이는 X_1, X_2, …, X_6이 바로 그 위치들이며, 그림 (b)는 이 위치를 시공 그래프 상에 수직선으로 표시한 것이다. 우리가 계산하려는 사건은 A에 있는 검출기가 시각 T에 검출음을 발생하는 사건이다. 따라서 이 사건은 시공 그래프 상에 A와 T의 교차점에서 발생한다.

이 사건이 일어날 수 있는 각 경로는 순차적인 네 단계로 이루어져 있으며, 따라서 네 개의 화살표를 서로 곱해야 한다. 그 네 단계는 그림 (b)에 나타나 있다.

1. 광자 하나가 특정한 시간($T_1, T_2, \cdots, T_6$ 옆에 그려진 6개의 화살표는 서로 다른 시간에 광자를 방출할 확률진폭을 표시한다)에 광원을 떠난다.
2. 광자가 광원에서 유리 속으로 움직여 간다(2시 방향으로 진행하는 물결선으로 그려져 있다).
3. 유리 속에 있는 전자가 광자를 산란시킨다(짧고 굵은 수직선으로 표시하였다).
4. 새로운 광자가 예정된 시간 T에 검출기로 도달한다(10시 방향으로 진행하는 물결선으로 표시하였다).

단계 2, 3, 4에 대한 확률진폭은 여섯 가지 경로에 대하여 모두 같지만, 단계 1의 확률진폭은 다르다. 유리판의 가장 위층에 있는 전자(X_1에 있는 전자)에 의해 산란되는 광자와 비교할 때, 그 다음 층(X_2)에서 산란되는 광자는 더욱 이른 시간(T_2)에 광원을 출발해야 한다.
이렇게 하여 구한 여섯 개의 화살표가 바로 (c)에 그려져 있는 화살표이다. 이 화살표들은 (b)에 그려진 화살표보다 짧고, 그 각각은 90° 회전되었다(유리 속에 있는 전자의 산란 특성에 의한 것이다). 이들 6개의 화살표를 순서에 따라 더하면 그 형상은 둥그런 호의 모양이 되며 최종 화살표는 그 호의 현이 된다. 또한 (d)에 보이는 것처럼 두 개의 반지름 화살표radius arrow를 그리고 그들을 서로 빼어줌으로써(즉, 앞면에서 얻은 화살표를 반대 방향으로 회전시켜 뒷면 반사에서 얻은 화살표에 더한다) 간단히 최종 화살표를 얻을 수도 있는데, 이것은 첫 번 강연에서 자주 사용했던 근사적 방법이다.

출된 시간에 따라 변한다.

광자가 일단 방출되었으면, 그 광자가 시공상의 한 점에서 다른 점으로 움직이는 동안 화살표는 더 이상 회전하지 않는다. 또한 **P(A→B)**의 공식으로 미루어볼 때 광자가 **c**가 아닌 다른 속도로 움직일 확률도 있기는 하지만, 우리의 실험에서는 광원과 검출기 사이의 거리가 (원자와 비교할 때) 매우 크므로 오직 **c**로 움직이는 광자만이 **P(A→B)**에 기여한다.

지금부터 부분반사를 새로운 시각으로 살펴보자. 이 사건에서 유일한 변화는 A에 있는 검출기가 어느 특정 시각 T에 '딱!' 하는 소리를 내는 것이 전부이다. 그리고 유리판을 여러 겹의 얇은 조각으로 쪼개 놓았다고 상상해보자(그림 68의 (a) 참조). 두 번째 강연에서 우리는 반사된 빛의 대부분이 거울 중앙에서 반사된 것이라는 사실을 알았다. 따라서 비록 전자들이 모든 방향으로 빛을 산란할지라도, 각 조각의 중앙 부분에 똑바로 입사하여 두 방향(검출기로 반사되는 방향과 유리를 통과하는 방향) 중 하나로 산란되는 경우에만 확률진폭이 서로 상쇄되지 않고 존재하게 된다. 따라서 이 사건의 최종 화살표는 유리판 속에 위치한 여섯 개의 중앙점 X_1, X_2, …, X_6에서 빛의 산란을 표시하는 여섯 개의 화살표를 더함으로써 구할 수 있다.

여섯 개의 점 X_1, X_2, …, X_6를 거쳐 빛이 진행하는 각 경로의 화살표를 계산해보자. 이때 각 경로는 4단계의 과정(서로 곱해야 할 네 개의 화살표를 뜻한다)으로 구성되어 있다.

1 : 광자가 특정 시간에 광원에서 방출된다.

2 : 광자가 광원에서부터 유리 속의 한 점으로 움직인다.

3 : 광자가 그 점에서 전자에 의해 산란된다.

4 : 새로운 광자가 만들어져서 검출기에 검출되다.

과정 2와 4에 해당되는 확률진폭의 크기는 1이며, 회전이 전혀 없다고 말할 수 있다. 왜냐하면 빛이 광원과 유리 사이 또는 유리와 검출기 사이에서 흡수되거나 분산되는 현상은 무시할 수 있기 때문이다. 과정 3의 산란진폭은 일정하며(특정한 양 S만큼 축소되고 회전한다) 유리 속의 모든 곳에서 동일하다(이 양은 앞에서 언급했던 것처럼 물질에 따라 달라진다. 유리의 경우 S의 회전량은 90°이다) 따라서 곱해야 할 네 개의 화살표 중에서 오직 과정 1의 화살표만이 각 경로마다 달라지게 된다.

여섯 개의 서로 다른 경로를 거쳐 온 광자들이 특정한 시간 T에 검출기 A로 동시에 도달하기 위해서는 그림 68 (b)에서 보듯이 그 광자들은 각기 다른 시간에 방출되어야 한다. X_2에서 산란되는 광자는 X_1에서 산란되는 광자보다 더 긴 거리를 움직여야 하므로 조금 일찍 방출되어야 한다. 단색광원이 특정 시각에 광자를 방출할 확률진폭은 시간이 흘러감에 따라 시계 반대 방향으로 회전하므로, T_2에서의 화살표는 T_1에서의 화살표보다 조금 더 회전되어 있을 것이다. T_3, …,T_6에서도 사정은 마찬가지다. 따라서 6개의 화살표는 모두 같은 길이를 갖고 있지만 서로 다른 각도로 회전되어 있다. 즉 그 화살표들은 모두 다른 방향을 가리키고 있다. 왜냐하면 이 화살표들은 서로 다른 시간에 광원에서 방출된 광자를 표시하고 있기 때문이다.

T_1에서 화살표를 과정 2, 3, 4의 처방에 따라 축소시킨 후(아울러 과정 3에서는 처방에 따라 90° 회전시켜 주자) 그림 68 (c)에 보이는 화살표 1을 얻을 수 있다. 2, …, 6의 화살표도 이와 같은 방법으로 구해진다. 그러므로 화살표 1에서 6까지는 모두 같은 길이의 작은 화살표가 되며, 그 각도는 T_1에서 T_6으로 가면서 일정 각도씩 증가한다.

이제 화살표 1에서 6까지 더하는 일이 남았다. 1에서 6까지 순서에 따라 화살표를 연결하면 호의 모양이 된다. 최종 화살표는 이 호에 대응하는 현이 된다. 따라서 유리의 두께가 증가함에 따라 최종 화살표의 길이는 반원에 도달할 때까지(최종 화살표가 그 지름이 될 때까지) 증가한다. 왜냐하면 두꺼운 유리일수록 많은 겹으로 쪼갤 수 있으므로 화살표가 보다 많이 존재하여 호의 길이가 길어지기 때문이다. 그러나 유리가 너무 두꺼워서 이에 대응하는 호가 반원보다 커지면 최종 화살표는 두께가 증가함에 따라 감소하기 시작한다. 원이 완성된 후에는 새로운 주기가 시작되면서 위의 과정이 되풀이된다. 이 화살표의 길이의 제곱이 바로 사건이 일어날 확률이며, 그 값은 0%에서 16% 사이를 반복한다.

간단한 수학적 트릭을 사용하여 이와 동일한 결과를 얻을 수도 있다(그림 68 (**d**) 참조). 호의 중심에서 화살표 1의 꼬리와 화살표 6의 머리에 2개의 화살표를 그린다. 이때 중심에서 화살표 1의 꼬리로 가는 반지름 화살표 ***radius arrow*** 를 180° 회전시키고(즉 −1을 곱해주면 화살표의 길이는 그대로이고, 방향만 180° 바뀐다–옮긴이주), 다른 반지름 화살표에 더해 줌으로써 이전과 동일한 최종 화살표를 얻을 수 있다. 이것이 바로 내가 첫 강연에서 사용했던 방법이다. 이 두 개의 반지름 화살표는 다름이 아니라 두 번째 강연 때 윗면 반사와 아랫면 반사를 나타냈던 바로 그 화살표이다. 여러분도 알고 있는 바와 같이, 이 화살표의 길이는 0.2이다.*

이러한 이유 때문에 반사가 유리판의 윗면과 아랫면에서만 일어난다고 가정해도(비록 틀린 생각이지만) 부분반사 확률을 정확하게 얻을 수 있었던 것이다. 이와 같은 간단한 분석에서 알 수 있듯이 윗면 화살표와 아랫면 화살표는 올바른 계산 결과를 줄 수 있는 훌륭한 수학적 도구이다. 그러나 부분반사를 미시적으로 분석해보면, 유리 내부에 있는 수많은 전자들에 의한 매우 복잡한 산란 현상임을 알 수 있다.

빛의 투과

이제, 광자가 유리를 통과하는 문제를 생각해보자. 광자는 유리 속의 수없이 많은 전자들 사이를 헤엄치듯이 지나간다. 이때, 광자가 유리 속의 전자와 전혀 부딪히지 않고 곧바로 유리를 투과할 확률진폭이 존재한다(그림 69 (a) 참조). 이것이 바로 이 사건에서 가장 중요한 긴 화살표이다. 그러나 이외에도 광자가 유리판 밑의 검출기에 도달할 수 있는 여섯 가지의 다른 길(광자가 X_1을 때리고 새로운 광자를 검출기 B로 산란한다. 광자가 X_2를 때리고 새로운 광자를 B로 산란한다. … 등등)이 존재한다. 이들 여섯 개의 화살표는 광자가 유리 속에서 반사될 때 호를 이루는 여섯 개의 화살표와 같은 길이를 갖고 있다. 이것

* *호의 반경은 분명히 여섯 개의 작은 화살표의 길이에 따라 변하며, 궁극적으로는 유리 원자 내의 전자가 광자를 산란시키는 확률진폭 S에 의하여 결정된다. 따라서 이 반경을 계산하기 위해서는 다수의 광자를 교환하는 과정을 통해 얻은 각 확률진폭을 더해야만 한다. 이것은 매우 어려운 문제이다. 하지만 단순한 물질에 대하여 이 반경은 성공적으로 계산되었으며, 물질에 따라 반경의 차이는 양자전기역학의 아이디어를 통하여 잘 이해할 수 있었다. 그렇지만 유리처럼 복잡한 물질에 대해서 이 반경을 기본 원리로부터 직접 계산하는 것은 실제로 불가능하다. 복잡한 구조의 물질의 경우 그 반경은 실험에 의해서 결정된다. 유리의 경우 역시 실험에 의해서 결정되었으며 그 반경은(빛을 유리에 수직으로 곧바로 입사시켰을 경우) 대략 0.2정도이다.*

은 유리 내의 전자들이 광자를 산란시킬 확률진폭 S가 같다는 사실로부터 알 수 있다. 그러나 투과의 경우에는 이들 여섯 경로의 길이가 같으므로 이 여섯 개의 화살표들은 모두 같은 방향을 향한다. 이때 이 여섯 개의 작은 화살표는 유리와 같은 투명한 물질의 경우 긴 화살표와 서로 직각을 이룬다. 따라서 긴 화살표에 작은 화살표들을 더하여 얻은 최종 화살표의 길이는 긴 화살표와 대략 같은 길이가 되지만 방향은 약간 옆으로 회전하게 된다. 유리가 두꺼우면 두꺼울수록, 작은 화살표가 더욱 많이 존재하므로 최종화살표는 더 많이 회전하게 된다. 이것이 바로 빛이 렌즈의 초점에 모이는 원리이다. 렌즈는 특별한 두께의 유리를 삽입함으로써 각 경로에 대한 화살표가 모두 같은 방향을 향하도록 설계된 것이다.

또한 광자가 공기 속보다 유리 속에서 더 천천히 움직인다고 할 경우(이때도 최종 화살표에는 고유한 회전이 일어난다)에도 이와 같은 효과가 나타난다. 지난번 강연 때, 공기 중에서의 빛속도보다 유리 속(또는 물 속)에서의 빛속도가 더 느리다고 말했던 이유가 바로 이것이다. 실제로 빛의 이러한 감속 현상은 유리 속(또는 물속)의 원자에 의해서 빛이 산란되어 최종 화살표가 회전되었기 때문에 생기는 현상인 것이다. 빛이 어떤 물질을 지나갈 때 최종 화살표가 회전하는 정도를 그 물질의 굴절률 ***index of refraction*** 이라 부른다.*

빛을 흡수하는 물질의 경우 작은 화살표들은 긴 화살표와 예각을 이루며(그림 69 (b) 참조), 그 결과 최종 화살표는 긴 화살표보다 길이가 짧아진다. 이러한 사실은 빛이 반투명한 물질을 통과할 확률이 투명

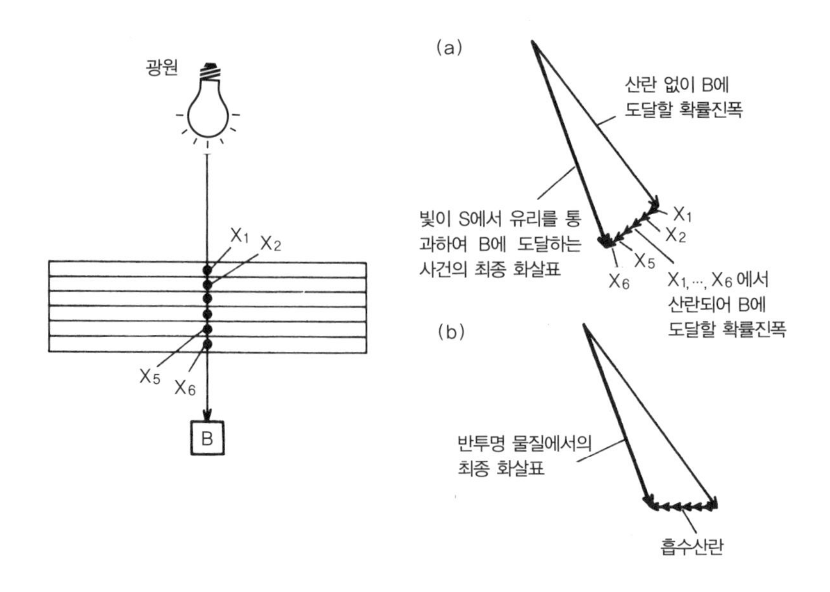

그림 69. 빛이 유리판을 통과하여 검출기 B에 도달할 확률진폭이 가장 큰 경로는 (a)에서 보듯이 광자가 유리 속의 전자에 산란되지 않고 직접 통과하는 경로이다. 이에 해당하는 '긴 화살표'에 X_1, X_2, $\cdots X_6$으로 표시한(유리의 중앙 부분에서 빛이 산란하는 경우의 확률진폭) 여섯 개의 작은 화살표를 더해야 한다. 산란이 일어날 확률은 유리 속의 어느 곳에서나 동일하므로 이 여섯 개의 화살표는 모두 같은 길이를 갖고 있으며(광원에서 여섯 가지의 X를 거쳐 B에 도달하는 각 경로의 길이는 모두 같다), 방향도 모두 같다. 이 작은 화살표들을 긴 화살표에 더해주면 우리는 빛의 투과율을 의미하는 최종 화살표를 구할 수 있는데, 이 화살표는 빛이 직접 검출기에 온다고 기대했던 경우의 화살표에 비하여 약간 더 회전되어 있음을 알 수 있다. 그 이유는 빛이 유리를 통과하여 지나가는 시간이 진공이나 공기 중을 지나가는 시간보다 길기 때문이다. 이처럼, 물질 속에 있는 전자에 의하여 일어나는 최종화살표의 특별한 회전량을 우리는 굴절률 index of refraction이라 부르고 있다.

투명한 물질의 경우 작은 화살표는 긴 화살표와 직각을 이룬다(이중 또는 삼중의 산란을 고려한다면 작은 화살표들의 합은 호의 모양을 이룰 것이므로, 최종 화살표는 긴 화살표보다 결코 길 수 없다. 자연은 항상 이와 같이 움직이므로 입사된 빛보다 더 많은 양의 빛이 투과하지는 않는다). 빛의 일부를 흡수하는 불투명한 물질의 경우에는 작은 화살표가 긴 화살표와 예각을 이루므로((b) 참조) 최종 화살표는 투명한 경우의 값보다 분명히 짧게 된다. 이처럼 최종 화살표가 짧아진 이유는 광자가 반투명한 물질에 흡수되어 투과할 확률이 줄어들었기 때문이다.

한 유리를 통과할 확률보다 작다는 것을 의미한다.

이와 같이 앞의 두 강연에서 언급한 모든 현상과 숫자들은(부분반사 확률진폭 0.2, 물속과 유리 속에서의 빛의 감속 현상, 등등…) 바로 이 세 가지 기본 행동으로부터 보다 상세하게 설명할 수 있다. 실제로 이 세 가지 행동이야말로 자연현상의 거의 모든 것을 설명해주고 있다.

자연의 다양성

광활하고 복잡하기 이를 데 없는 자연이 이들 세 가지 기본 행동의 단조로운 반복적 결합에 의하여 생긴다는 사실은 믿기 어려울 것이다. 그렇지만 이 세 가지 행동은 거의 모든 것을 설명해주고 있다. 그렇다면 자연의 다양성은 어떻게 하여 생기는 것일까? 지금부터 이 다양성에 대하여 잠시 생각해보자.

먼저, 광자부터 시작하자(그림 70 참조). 시공상의 점 1, 2에 있는 두 광자가 점 3, 4의 검출기에 도착할 확률은 얼마일까? 이 사건은 두 개

* *각 층에서 일어나는 반사를 나타내는 여섯 개의 화살표들은 투과의 경우 최종 화살표를 회전시켜 주는 여섯 개의 화살표의 길이와 정확히 같다. 따라서 물질의 부분반사와 굴절률 사이에는 연관성이 존재한다.*
이 최종 화살표는 1보다 큰 것처럼 보인다. 그렇다면 입사된 빛보다 더 많은 양의 빛이 유리를 통과하게 되지 않는가! 이렇게 보이는 이유는 광자가 유리의 한 층에 입사하여 새로운 광자(두번째 광자)를 다른 층으로 생성시키고, 또 그 새로운 광자가 또 다른 새로운 광자(세번째 광자)를 생성시키고, 또 다른 새로운 광자는… 등등 보다 복잡한 가능성들을 고려하지 않았기 때문이다. 이런 복잡한 과정들을 고려한다면 작은 화살표들은 호를 그리게 되어 최종 화살표의 길이는 0.92에서 1 사이의 값이 된다(따라서 빛은 항상 유리판에서 반사되거나 아니면 투과하게 된다).

의 주된 경로를 통해 일어나며, 각 경로는 부수적으로 일어나는 두 과정에 따라 달라진다 : 광자가 직접 진행하는 과정 P(1→3)×P(2→4)와 서로 대각선으로 교차하는 과정 P(1→4)×P(2→3), 이 두 가지 가능성에 대한 확률진폭은 서로 더해져야 하며(두 번째 강연에서 본 것처럼),

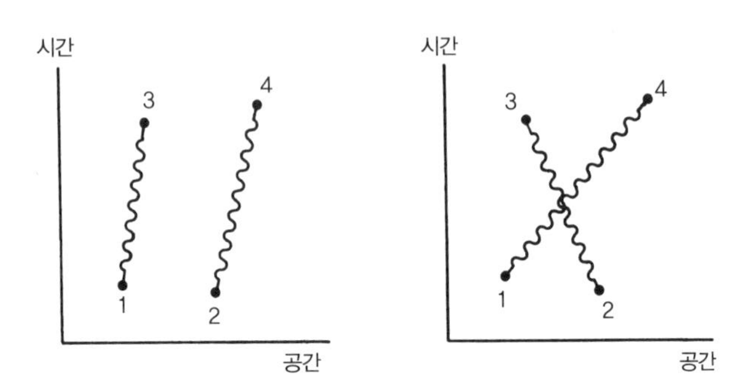

그림 70. 시공상의 점 1, 2에 있는 광자가 3, 4에 도달할 확률진폭은 근사적으로는 거의 두 가지 주된 경로에 의해 생긴다. 또한 점 1, 2, 3, 4의 상대적 위치에 따라 간섭의 정도가 변화한다.

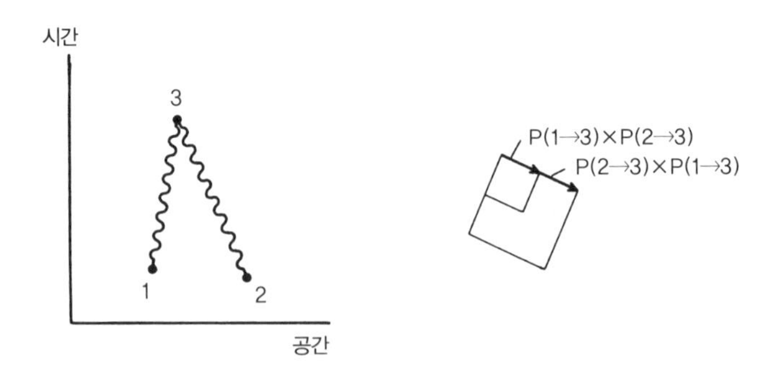

그림 71. 점 4와 3이 동일한 점이라면 두 화살표 P(1→3)×P(2→3)와 P(2→3)×P(1→3)는 길이와 방향이 같은 동일한 화살표가 된다. 이 두 화살표를 더하면 길이는 2배가 되어 결국 확률은 4배로 커진다. 이와 같이 광자는 시공상의 같은 점으로 가려고 하는 경향이 있다. 이 효과는 광자가 많으면 많을수록 커진다. 이것이 바로 레이저의 작동 원리이다.

이때 간섭이 나타난다. 그 결과 시공상의 상대적인 위치에 따라 최종 화살표의 길이가 파도처럼 변하게 된다.

이때 만약 3과 4가 시공상의 동일한 점이라고 한다면 어떤 일이 발생할까? 즉 두 광자가 모두 점 3에 도달할 확률은 얼마일까? 이 경우 우리는 $P(1 \rightarrow 3) \times P(2 \rightarrow 3)$와 $P(2 \rightarrow 3) \times P(1 \rightarrow 3)$라는 두 개의 동일한 화살표를 얻게 된다(그림 71 참조). 이 둘을 더한다면 그 합은 하나의 길이의 두 배가 되며, 최종 화살표의 길이의 제곱은 한 화살표 길이의 제곱보다 네 배로 증가한다. 위의 두 화살표가 동일한 것이기 때문에 그 두 화살표는 같은 방향을 가리킨다. 따라서 이 경우 간섭은 점 1과 2 사이의 상대적 거리에 따라 파도치듯이 변화하는 것이 아니라, 항상 보강적이 된다. 이 보강간섭효과를 생각하지 않은 사람은, 두 개의 광자가 한 점 3에 도달하는 사건은 대충 두 배의 확률을 가질 것이라고 생각할 것이다. 그렇지만 실제로 그 확률은 항상 네 배가 된다. 또한 광자가 많이 존재하는 경우에는, 확률의 증가 효과가 더욱 커진다.

그 결과 여러 가지 실제적인 효과가 나타난다. 광자는 동일한 조건 또는 동일한 상태로 가려고 하는 경향이 있다. 원자가 광자를 방출하려는 그 상태에 다른 광자가 이미 존재하고 있다면, 광자를 방출할 가능성은 더욱 증가한다(레이저는 이 현상에 근거해서 작용한다). 이것을 유도복사 ***stimulated emission*** 라 부른다. 이 현상은 양자론의 초창기에 아인슈타인에 의해서 발견되었다.

앞서 말했던 스핀0인 전자도 같은 성질을 갖고 있다. 그러나 실세계에서 전자는 스핀을 갖고 있으므로 전혀 다른 현상이 일어난다 : 두 화살표 E(1→3)×E(2→4)와 E(1→4)×E(2→3)는 더해지는 것이 아니라 상쇄된다. 즉 그 둘 중 하나는 더하기 전에 180° 회전되어야 한다. 점 3과 4가 같은 점일 때, 두 화살표는 같은 길이와 방향을 가지므로 서로 상쇄되어 버린다(그림 72 참조). 이 현상은 무엇을 뜻하는가? 전자는 광자와 달리 같은 장소로 갈 수 없다는 것을 의미한다. 전자들은 마치 무서운 전염병을 대하듯이 서로 피하는 것이다. 같은 편광을 갖는 두 전자는 시공상의 같은 점에 존재할 수 없다. 이를 배타원리라고 부른다.

이 배타원리야말로 물질의 다양한 화학적 성질을 일으키는 근원인 것이다. 하나의 양성자가 자신의 주위를 돌고 있는 하나의 전자와 광자를 교환하고 있는 것이 수소원자이다. 두 양성자가 두 전자(반대 방

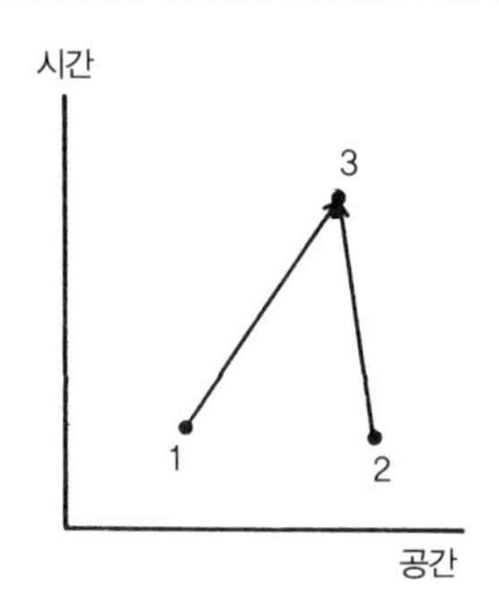

E(1→3)×E(2→3) ⇅ E(2→3)×E(1→3)

그림 72. 같은 편광을 갖는 두 전자가 시공상의 동일한 장소로 가려 할 경우에는 편광효과 때문에 그 두 전자의 간섭은 항상 소멸간섭이 된다. 두 개의 동일한 화살표E(1→3)×E(2→3)와 E(2→3)×E(1→3)는 서로 상쇄되어 최종 화살표의 길이는 0이 된다. 이와 같이 두 전자가 시공상의 같은 장소에 함께 존재할 수 없다는 사실은 배타원리Exculsion Principle로 알려져 있으며 우주에 존재하는 원자의 다양성을 설명해주고 있다.

향으로 편광된)와 광자를 교환하고 있는 것은 헬륨원자이다. 알다시피 화학자들은 양성자를 매우 어려운 방법으로 세고 있다. 그들은 하나, 둘, 셋, 넷, 다섯, … 대신에, 수소, 헬륨, 리튬, 베릴륨, 붕소, … 등으로 부르고 있다.

전자는 단지 두 개의 스핀편광 상태만 가능하므로, 원자핵에 세 개의 양성자가 있어 세 개의 전자와 광자를 교환하고 있는 리튬원자의 경우, 세 번째 전자는 나머지 두 전자보다 멀리 있어야 하고(왜냐하면 가장 가까운 허용공간을 다 채웠으므로), 따라서 더 작은 수의 광자를 교환하게 된다. 이 결과 옆에 있는 다른 원자에서 나온 광자의 영향으로 이 전자는 쉽게 떨어져 나갈 수 있다. 따라서 수많은 리튬원자들이 서로 가까이 붙어 있는 경우 각 원자의 세 번째 전자는 쉽게 떨어져 나올 수 있으므로 이 전자들은 원자들 사이를 헤엄쳐 다니는 전자의 바다를 이루게 된다. 이 전자의 바다는 아주 작은 전기력(광자)에도 반응하므로, 전류를 흐르게 해준다. 나는 지금 리튬 금속의 전기전도현상을 설명하고 있는 중이다. 그러나 수소와 헬륨원자는 전자를 다른 원자에게 빼앗기지 않으므로 부도체 ***insulator*** 가 된다.

모든 원자는 특정한 수의 양성자와 같은 수의 전자가 광자를 교환하면서 결합되어 있는 상태이다. 그들이 뭉쳐 있는 패턴은 매우 복잡하며, 그로 인해 금속, 부도체, 기체, 결정, 부드러운 것, 딱딱한 것, 투명한 것, 색깔 있는 것 등등의 다양한 특성들이 생기는 것이다. 단순한 3가지의 기본 작용, 즉 P(A→B)와 E(A→B), 그리고 j가 끊임없이 반복되고, 여기에 배타원리가 덤으로 작용되어, 자연계에 엄청나게 다양한 물질들이 존재하게 된 것이다(만약 실제 전자의 스핀이 0이었다면, 모든 원자는 거의 비슷한 특성을 갖고 있었을 것이다. 아마 원자 속의 전자들은 모두 원자핵 가까이에 뭉쳐 있었을 것이고, 다른 원자들과 화학작용을 거의 하지 않았을 것이다).

이렇게 단순한 행위로부터 생성된 이 세계가 그토록 복잡 미묘한 이유는, 엄청나게 많은 광자들이 서로 뒤엉켜서 간섭현상을 만들어내고 있기 때문이다. 이 세 가지의 기본 행위는 단지 실제의 세계를 분석하는 출발점에 불과하다. 또한 계산이 불가능한 복잡한 광자 교환이 진행되고 있는 영역에서는 일어날 가능성이 큰 사건들을 구별해낼 수 있는 경험적 지식이 필요하다. 이리하여 우리는 자연의 깊숙한 배후에서 진행되고 있는 복잡한 과정을 근사적으로 묘사하는 굴절률, 압축률, 원자가 등의 거시적 개념들을 도입하게 되었다. 이것은 일종의 체스 게임이라고도 할 수 있다. 체스 게임의 규칙은 단순하고 기본적이지만 게임을 잘 하기 위해서는 각 말의 특성과 배치 상황을 잘 이해해야 한다. 이는 결코 쉬운 일이 아니며 숙련된 기술이 필요하다.

26개의 양성자를 갖고 있는 철은 자성체인데, 29개의 양성자를 갖고 있는 구리는 왜 자성체가 아닌가? 또, 어떤 기체는 투명하고 어떤 기체는 불투명한 이유는 무엇인가? 이런 등등의 질문에 대한 해답을 연구하는 물리학 분야를 우리는 고체 물리학 ***solid-state physics*** 또는 액체 상태 물리학 ***liquid-state physics*** 이라 부른다. 그리고 이들 세 가지 단순한 행위(가장 다루기 쉬운 부분이다)를 발견한 물리학의 분야를 기초 물리학 ***fundamental physics*** (이 이름은 다른 분야에서 연구하고 있는 물리학자들의 신경을 꽤나 건드릴 것이다)이라고 부른다. 오늘날 가장 흥미 있는 문제들(확실히 가장 실제적인 문제들)은 분명히 고체 물리학에 관한 문제이다. 훌륭한 이론은 현실과 동떨어져 있다고들 하는데, 이 점에서 보더라도 양자전기역학이론은 훌륭한 이론으로서 전혀 손색이 없을 것이다.

자기쌍극자능률

마지막으로 내가 첫 번 강연에서 여러분에게 말했던 1.00115965221이라는 숫자를 다시 한 번 살펴보자. 이 숫자는 외부 자기장에 대한 전자의 반응을 나타내며 자기쌍극자능률 ***magnetic dipole moment*** 라고 불린다. 디랙이 최초로 양자전기역학이론의 규칙을 이용하여 이 숫자를 계산할 때, 그는 공식 E(A→B)을 사용하여 매우 단순한 답을 얻었다. 이제부터 디랙이 계산했던 그 값을 기본 단위, 즉 1.0으로 정하자. 전자의 자기쌍극자능률을 구하기 위한 1차적 근사 방법은 매우 단순하다. 그것은 바로 한 전자가 시공상의 한 점에서 다른 점으로 가면서 자석에서 나온 광자와 결합하는 그림으로 표현할 수 있다(그림 73 참조).

몇 년 뒤 이 값은 정확히 1.0이 아니라 그보다 약간 큰 값인 1.00116 정도임이 밝혀졌다. 이 수정된 값은 1948년 슈윙거에 의하여 최초로 구해졌으며 그 값은 $j^2/2\pi$였다. 이 값은 전자가 이곳에서 저곳으로 가는 여러 가지 방식에 의하여 생긴 것이다. 즉 전자는 이곳에서 저곳으

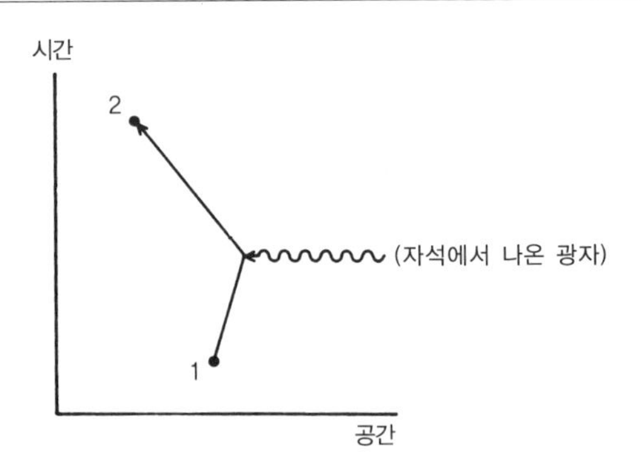

그림 73. 디랙이 계산한 전자의 자기쌍극자능률에 대한 도식은 매우 단순하다. 이 도식에 의하여 얻어진 그 값을 1.0이라고 정하자.

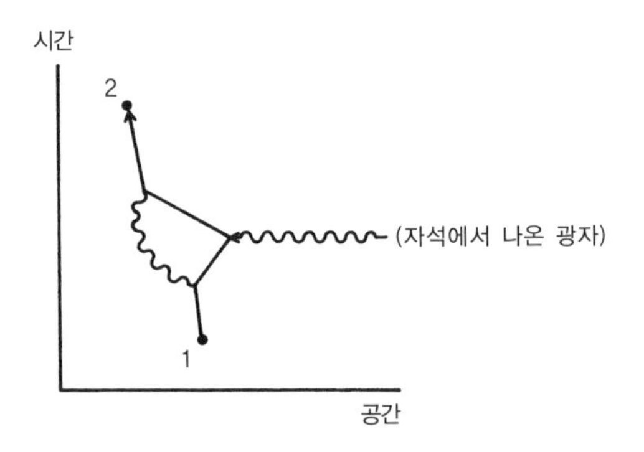

그림 74. 실험실에서의 실험에 의하면 전자의 자기쌍극자능률의 실제 값은 1이 아니라 이보다 약간 크다는 사실이 밝혀졌다. 그 이유는 이 사건이 여러 가지 방식으로 일어날 수 있기 때문이다. 전자는 광자를 방출했다가 다시 그 광자를 흡수할 수 있다. 이 경우 두 개의 E(A→B), 하나의 P(A→B), 두 개의 j가 더 필요하다. 슈윙거는 이 과정을 계산하여 그 결과가 j^2을 2π 로 나눈 값이 된다는 사실을 발견했다. 이 과정 역시 그림 73의 사건과 실험적으로 구별할 수 없으므로, 이 두 화살표를 서로 더해야 하며, 그 결과 간섭이 생기는 것이다.

로 직접 가는 대신에, 잠시 동안 움직이다가 갑자기 광자를 방출하고, 놀랍게도 그 광자를 다시 흡수하며 갈 수도 있다(그림 74 참조). 이러한 과정에는 모종의 야바위 노름이 숨겨져 있는 듯하지만, 전자는 실제로 그렇게 지나간다! 이러한 경로에 대한 화살표를 계산하려면 광자를 방출하는 시공상의 모든 점과 광자를 흡수하는 모든 점을 고려한 화살표를 만들어야 한다. 그러므로 이 경우에 두 개의 E(A→B), 하나의 P(A→B), 두 개의 j가 존재하며, 그 모두를 서로 곱해야 한다. 대학원 2학년에 재학 중인 학생들은 기초적인 양자전기역학 과정에서 이러한 단순한 계산법을 배우고 있다.

잠깐! 실험을 통해 얻어진 값은 전자가 운동할 수 있는 모든 가능성이 다 포함되어 있으므로, 우리는 이외의 다른 가능성, 즉 전자가 이곳에서 저곳으로 4개의 결합을 통하여 가는 가능성도 고려해야 한다. 그림 75에는 전자가 두 개의 광자를 방출했다가 다시 흡수하는 3가지 경로가 그려져 있다. 또 새롭고 흥미 있는 도식을 그림 75의 오른쪽에 그려놓았다. 이 도식은 방출된 광자가 잠시 후에 양전자와 전자로 갈라졌다가, 서로 소멸하면서 광자가 생성된 후, 그 광자가 다시 전자에 흡수되는 경로를 보여주고 있다.

두 그룹의 물리학자들이 이 도식에 대한 확률진폭을 2년간에 걸쳐 계산했지만 한 해가 더 지나서야 계산에 실수가 있음을 알아차렸다. 실험물리학자들이 측정한 값은 계산값과 약간의 오차를 보였다. 그래서 그들은 처음에는 이론 자체의 문제점을 찾아보았지만 그런 것은 발견되지 않았다. 그것은 순전히 계산상의 실수였다. 어떻게 해서 두 그룹의 물리학자들이 동일한 실수를 범하게 되었을까? 그들 두 그룹은 독립적으로 연구했던 것이 아니라 계산이 종결될 무렵 서로의 연

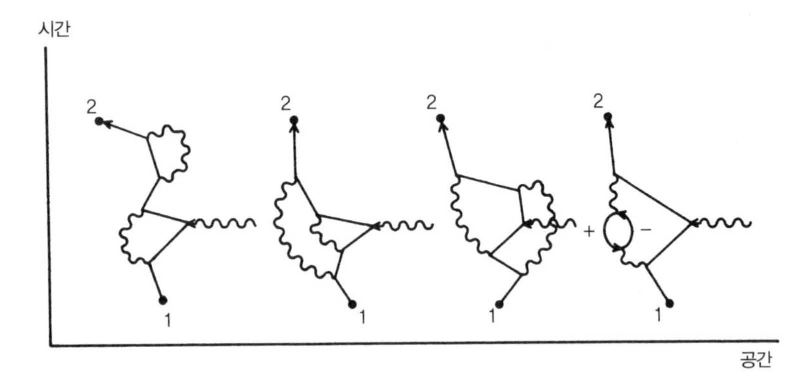

그림 75. 실험이 정밀하게 행해지면서(시공상의 모든 가능한 점 위에) 4개의 결합점을 갖는 높은 차수의 항들을 계산해야 할 필요가 생겼다. 그들 중 일부를 이 그림에 표시하였다. 오른쪽에 그려진 같은 광자가 전자와 양전자의 한 쌍(그림 64에 묘사된 것과 같이)으로 붕괴하였다가, 그 둘이 다시 소멸하면서 새로운 광자가 탄생하고, 그 광자가 마침내 전자에 흡수되는 과정을 보여주고 있다.

구 노트를 비교하고 계산 차이를 없애 버렸음이 밝혀졌다.

추가로 6개의 j를 포함하는 항은 4개의 j를 포함하는 항보다 사건이 일어날 수 있는 가능한 경로가 훨씬 많다. 그들 중 일부는 그림 76과 같은 도식으로 표현된다. 이러한 고차의 항을 고려하여 전자의 자기 쌍극자능률을 이론적으로 계산하는 데에는 무려 20년이란 세월이 걸렸다. 그러는 동안 실험물리학자들은 정밀한 실험을 통하여 더욱 정확한 값을 구해냈다. 그러나 실험치가 정밀해질수록, 그 값은 양자전기역학이론으로 계산한 값에 더욱 근접하고 있다.

이론값을 계산하기 위해서는 먼저 도식을 그리고, 그 도식을 수학적으로 표현한 후 각 해당 확률진폭을 더하면 된다. 이것은 단순히 진행

절차에 따라 기계적인 계산을 수행하는 작업에 불과하다. 요즈음에는 수퍼 컴퓨터를 이용하여 추가로 8개의 j를 갖고 있는 항들을 계산하기 시작했다. 최근의 이론값은 1.00115965246이며 실험치는 1.00115965221 ±0.0000000004이다. 이론치에 내재된 오차의 일부(마지막 자리의 4 정도)는 컴퓨터가 제멋대로 반올림해 버린 숫자 때문에 생긴 것이다. 그 외의 대부분의 오차(20 정도)는 j의 값이 정확히 알려져 있지 않기 때문에 생긴다. 8개의 j를 갖고 있는 항에는(각각 900개의 도식을 갖고 있음) 10만 개 정도의 항이 포함되어 있는 환상적인 계산인데, 현재 그 계산이 진행 중에 있다.

확신하건대 수년 안에 전자의 자기쌍극자능률에 대한 실험치와 이

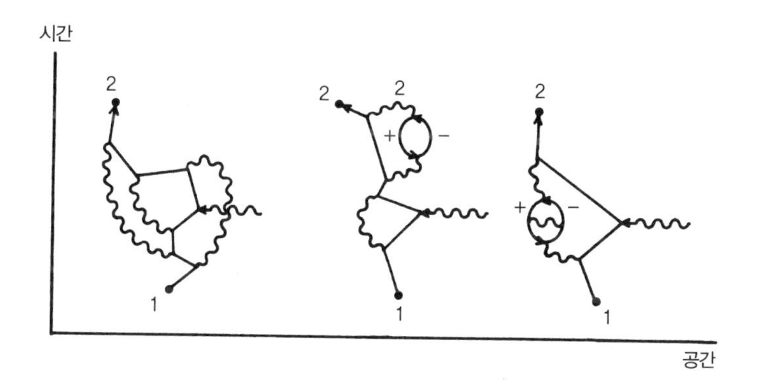

그림 76. 이론값보다 정확하게 계산하려는 노력은 지금도 진행 중에 있다. 그 다음 항은 추가로 6개의 결합점을 갖고 있는데, 그 개수는 70개 정도이다. 그 중 3개의 항을 여기에 그려놓았다. 1983년경의 이론값은 1.00115965246(마지막 두 자리에 20 정도의 오차가 있다)이었으며, 실험값은 1.00115965221(마지막 자리에 4정도의 오차가 있다)이었다. 이 정도의 정확성이란 LA에서 뉴욕까지의 거리(대략 4,800㎞ 정도)를 사람의 머리카락 두께 정도의 오차 내에서 측정한 것과 동등한 것이다.

론치는 보다 정밀하게 밝혀질 것이다. 그러나 그 두 값이 서로 정확할 것이라는 장담은 할 수 없다. 그것은 계산과 실험이 행해진 다음에야 비로소 알 수 있는 일이다.

이제야 비로소 이 강연의 서두에서 여러분을 '경탄시켰던' 이 숫자에 대한 이야기를 완결했다. 여러분은 이 숫자의 중요성을 깊이 이해해야 한다. 이 숫자는 마술과도 같은 양자전기역학이론이 어느 정도까지 올바른 것인지를 확인시켜 주는 척도이다.

이처럼 사상 유래 없이 정밀한 이론을 들으면서 여러분들은 우리의 상식이 얼마나 미약한 것인지를 깨달았을 것이다. 우리는 몇몇의 매우 기괴한 행위들(확률의 증대와 감소, 거울의 모든 곳에서 일어나는 빛의 반사, 직선이 아닌 경로를 움직이는 빛, 통상의 빛속도 c보다 빨리 또는 느리게 움직이는 광자, 시간을 거슬러 과거로 움직이는 전자, 전자와 양전자의 쌍으로 붕괴하는 광자, … 등등)을 받아들여야 한다. 이러한 것들을 통해 우리는 날마다 경험하는 다양한 현상의 배후에서 조물주가 하고 있는 일을 감상할 수 있는 것이다.

지금까지 편광에 관한 세부적 설명을 제외하고, 자연현상 전반을 이해시켜 주는 이론 체계를 여러분에게 거의 모두 설명하였다. 한 사건이 일어날 수 있는 모든 경로에 대한 확률진폭을 구한 뒤에, 더해야 한다고 예측되는 상황에는 그 진폭을 더해주고, 곱해야 한다고 예측되는 상황에는 그 진폭을 곱해주어야 한다. 확률진폭이라는 용어로 모든 문제를 다루어야 할 경우 그 개념의 추상성 때문에 처음에는 어려움이 따르지만, 얼마 지나지 않아 여러분도 이 낯선 언어에 익숙해질 것이다. 우리가 날마다 경험하는 다양한 현상의 배후에는 단지 세 가지의 기본 행위(단순한 결합의 숫자 j와 2개의 함수 P(A→B), E(A→B))만이 존재한다. 모든 것은 이 안에 다 들어 있다. 물리학의 모든 법칙은 그곳에서 시작된다.

편광을 고려한다면

오늘 강연을 끝내기 전에 몇 가지 문제를 더 생각해보자. 지금까지 우리는 편광을 고려하지 않고도 양자전기역학의 핵심을 이해할 수 있었다. 그렇지만 편광에 대해 전혀 언급하지 않는다면 여러분은 미심쩍은 느낌을 떨쳐버릴 수 없을 것이다. 광자에는 기하학적인 시공간의 방향과 연관되어 있는 4가지 서로 다른 종류의 편광이 있음이 밝혀졌다. 이를 X, Y, Z, T방향으로 편광된 광자라 부른다(빛은 단지 두 가지 편광 상태만이 가능하다는 말을 어디선가 들은 사람도 있을 것이다. 예를 들어 Z방향으로 움직이는 광자는 진행방향에 수직하게 X 또는 Y 방향으로 편광될 수 있다. 그렇다. 광자가 긴 거리를 움직이고 있는 상황에서는 빛속도로 움직이는 광자만이 존재하며, Z와 T방향의 확률 진폭은 정확하게 상쇄되어 버린다. 그러나 원자 속의 양성자와 전자 사이에서 교환되는 가상광자의 경우에는 T가 가장 중요한 역할을 하고 있다).

이와 유사한 방식으로, 전자 역시 기하학적으로 연관되어 있는 네 가지 상태 중 하나에 다소 미묘한 방식으로 존재한다. 이 상태를 1, 2,

3, 4라고 부르도록 하자. 이 결과 전자가 시공 속의 점 A에서 점 B로 가는 확률진폭의 계산과정은 다소 복잡해진다. 그 까닭은 점 A에서 상태 2에 있는 전자가 점 B에서 상태 3으로 바뀔 수도 있기 때문이다. 이때 생기는 16가지의 가능한 조합(A에서 출발하는 전자의 네 가지 상태와 B에 도달할 수 있는 네 가지 상태의 조합)은 앞에서 설명했던 E(A→B)라는 공식을 조금 수정하여 포함시킬 수 있다.

그러나 광자에 대해서는 이와 같은 수정을 거칠 필요가 없다. 그 이유는 X방향으로 편광된 채 A에서 출발한 광자는 B에 도착해도 여전히 X방향으로 편광되어 있으며 그 확률진폭이 P(A→B)이기 때문이다.

이 편광 때문에 결합점은 매우 복잡해진다. 예를 들어 "상태2에 있던 전자가 X방향으로 편광된 광자를 흡수하여 상태3의 전자로 될 확률진폭은 얼마인가?"라는 질문이 가능할 것이다. 그러나 특정한 방향으로 편광된 전자는 특정 방향으로 편광된 광자만을 흡수 방출할 수 있음이 밝혀졌다. 이때 그 결합점은 모두 같은 크기의 화살표 j를 갖지만, 그 화살표의 방향은 때때로 90°의 정수 배만큼 회전시켜 주어야 한다.

편광의 다양한 가능성과 결합의 본질은 양자전기역학의 원리와 다음의 2개의 추가적인 가정으로부터 매우 우아하고 아름다운 방법으로 연역해낼 수 있다.

공간의 등방성 : 실험을 하고 있는 기계 장치 전체를 임의로 회전시켜 주어도 실험 결과는 달라지지 않는다.

상대성 원리 : 그 실험 장치를 일정 속도로 움직이고 있는 어떤 우주선 속에 갖다 놓더라도 실험 결과는 달라지지 않는다.

이러한 우아하고도 일반적인 분석으로부터 모든 입자는 스핀0, 스핀1/2, 스핀1, 스핀3/2, 스핀2 등으로 불리는 가능한 편광의 한 종에 속해 있음이 알려지게 되었다. 서로 다른 종은 다른 방식으로 행동한다. 스핀0 입자는 가장 단순하다. 이 입자는 한 성분만 갖고 있으므로 편광이 전혀 없다(이 강연에서 지금까지 생각해왔던 가짜전자와 가짜광자는 스핀0 입자이다. 그러나 지금까지 발견된 기본 입자 중 스핀0 입자는 전혀 존재하지 않는다). 진짜전자는 스핀1/2 입자이며 진짜광자는 스핀1 입자이다. 스핀1/2과 스핀1 입자는 둘 다 4개의 성분을 갖고 있다. 다른 스핀을 갖은 입자들은 더 많은 성분을 갖고 있다. 예를 들어 스핀2 입자는 10개의 성분을 갖고 있다.

상대성이론과 편광 사이의 관계가 단순하면서도 우아하다고 조금 전에 말했지만 이것을 내가 단순하고 우아한 표현으로 여러분에게 설명할 수 있을지는 잘 모르겠다(그것을 설명하려면 적어도 한 번 더 강연이 필요할 것 같다). 비록 편광을 잘 몰라도 양자전기역학을 이해하는 데 큰 어려움은 없지만, 실제의 과정을 정확하게 계산할 때에는 반드시 편광을 고려해야 한다.

이 강연에서는 전자와 광자가 미시적 영역에서 단지 몇 개의 입자만을 주고받는 단순한 상호작용만을 다루었다. 그러나 수많은 광자가 교환되고 있는 거시세계에서의 사정은 조금 다르다. 이점에 대하여 한두 가지 예를 들어보자.

거시적 영역에서 화살표의 계산은 매우 복잡하다. 그러나 의외로 계산이 간단한 경우도 있다. 매우 많은 수의 전자가 서로 함께 움직이고 있는 경우, 예컨대 전자가 방송국의 안테나에서 오르내리고 있거나 전자석의 코일 속을 움직이고 있을 경우를 생각해보자. 이 상황에서는 같은 타입의 광자가 대단히 많이 방출된다. 이때 전자가 한 광자를 흡수할 확률진폭은 이전에 다른 전자가 광자를 흡수했는지와 무관하다. 그러므로 이때 전자의 행동은 전적으로 전자가 광자를 흡수하는 확률진폭에 의해 결정된다. 이 진폭은 시공내의 전자의 위치에 따라 달라지며 물리학자들은 이를 장(마당) ***field***이라 부른다(물리학에서 장이란 시간과 위치에 따라 달라지는 숫자이다. 공기 속의 온도는 장의 좋은 예가 된다. 공기 속의 온도는 측정 장소와 시간에 따라 달라지기 때문이다). 편광을 고려하면 이 장은 네 가지 성분을 갖는다. 이들 각각의 성분은 흡수된 광자의 네 가지 편광 상태(X, Y, Z, T)를 흡수하는 확률진폭에 대응한다. 전문 용어로는 이것을 벡터 전자기 포텐셜 ***vector electromagnetic potential*** 과 스칼라 포텐셜 ***scalar electromagnetic potential*** 이라 부른다. 이것들의 조합으로부터, 고전 물리학은 더 편리한 성분인 전기장과 자기장을 유도한다.

전자기장이 매우 천천히 변화하는 상황에서는 전자가 먼 거리까지 움직여 갈 확률진폭은 전자의 경로에 의해 좌우되나, 앞에서 빛의 경우에 보았던 것처럼 확률진폭의 각도가 주변 경로들과 큰 차이가 없는 경로들이 가장 중요한 역할을 한다. 그 결과, 전자는 직선이 아닌 곡선 경로, 또는 꺾어진 경로를 따라 움직일 수도 있다.

이러한 사실로 인해 이 상황에서는 모든 것이 고전 물리학으로 되돌아간다. 고전 물리학에서는 전자가 어떤 양(물리학자들은 이 양을 '작용 *action*'이라 부르고 이 규칙을 '최소 작용의 원리'로 공식화 해놓았다.)을 최소로 만드는 그러한 경로로 장 속에서 움직이고 있다고 한다. 이것은 양자전기역학의 규칙으로 거시세계의 현상을 어떻게 이해할 수 있는가를 보여주는 하나의 예일 뿐이다. 이런 생각은 여러 방향으로 확대될 수 있지만, 본 강연의 한계상 다루지 않겠다. 거시세계에서 우리가 보아온 효과들과 미시세계에서 나타난 낯선 현상들은 모두 전자와 광자의 상호작용의 결과이며, 궁극적으로는 양자전기역학이론에 의하여 모두 설명될 수 있다는 점을 잊지 말기 바란다.

넷째 날

진리는 깊은 곳에 살고 있다.

–공자 孔子

남은 이야기

오늘은 두 가지 주제를 다루고자 한다. 먼저 광자와 전자들로 이루어진 세계에서 QED (양자전기역학)의 이론 체계의 문제점을 이야기한 후에, QED 와 여타의 물리학 분야와의 관계에 대하여 간단히 살펴보기로 하자.

양자전기역학이론의 가장 충격적인 특징은 바로 확률진폭체계 *framework of amplitudes* 이다. 여러분은 거기에 어떤 속임수가 숨어 있다고 생각할지도 모른다! 그러나 물리학자들은 지금까지 50년 이상이나 이 확률진폭을 다루어 오면서 그것에 매우 익숙해졌을 뿐만 아니라, 현재까지 발견된 새로운 입자 및 그와 관련된 현상을 모두 확률진폭 체계(한 사건의 발생 확률은 그 사건이 일어날 수 있는 여러 경로에 대한 화살표들을 결합하여 얻은 최종 화살표 길이의 제곱에 해당한다)라는 우스운 방식을 통해 이해할 수 있었다. 따라서 이 '확률진폭 체계는 실험적으로 아무런 문제가 없다.' 여러분은 '확률진폭이란 무엇을 의미하는가?' 와 같은 철학적 의문을 제기할 수도 있다. 하지만 물리학은 실험 과학이므로 그 이론 체계가 실험 결과와 일단 일치하기만 하면, 물리학자들은 더 이상의 고민을 하지 않는다.

양자전기역학이론을 이용하여 고차항의 계산 방법을 개발하는 과정(이 일을 대학원생들이 완벽하게 행하려면 3년 또는 4년 정도가 걸린다)에는 약간의 어려움이 있다. 그러나 그것은 기술적인 문제이기 때문에 여기서는 논하지 않겠다. 그것은 단지 다양한 상황에서 현상을 분석하는 수학적 기술일 뿐이다.

재규격화

양자전기역학이론 자체의 특징을 강하게 보여주는 또 하나의 문제가 있다. 이 문제를 해결하는 데에는 무려 20년이라는 긴 세월이 걸렸다. 그것은 이상전자 ***ideal electron*** 와 이상광자 ***ideal photon*** 그리고 n과 j의 값에 밀접하게 관련된 문제였다.

만약 전자들이 이상적이어서, 이들이 직접 경로를 따라서만 이곳에서 저곳으로 움직이고 있다면(그림 77의 왼쪽에 보이는 것처럼). 아무런 문제가 발생하지 않는다. 이때 n은 단순히 전자의 질량이 되며, 전자와 광자의 결합진폭을 의미하는 j는 전자의 전하가 된다. 질량과 전하는 모두 실험으로 결정할 수 있는 값이다.

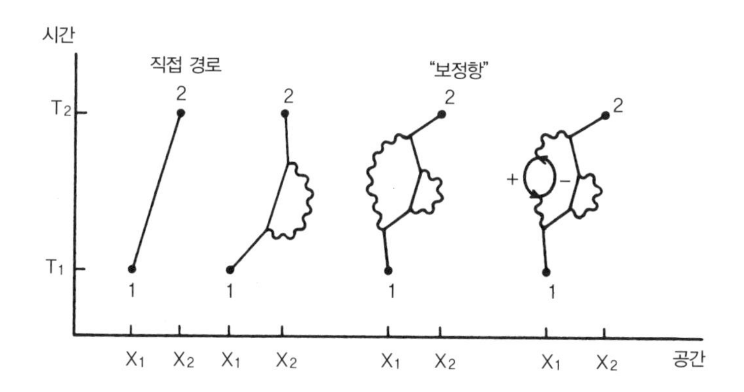

그림 77. 전자가 시공의 한 점에서 다른 점으로 진행할 확률진폭을 구하고자 할 때는 먼저 공식 E(A →B)을 이용하여 직접 경로의 기여치를 계산한다. 그리고 나서 광자의 방출과 흡수를 포함하는 보정항을 계산한다. 공식 E(A→B)은 (X_2-X_1), (T_2-T_1), 그리고 n의 함수이다. 여기서 n은 결과를 맞추기 위해 공식 속에 대입하는 숫자이다. 이 숫자 n을 이상전자의 정지질량rest-mass이라 부르며, 그것은 실험으로 측정할 수 없는 양이다. 모든 보정항을 포함하고 있는 실제전자의 정지 질량만을 우리는 실험으로 측정할 수 있을 뿐이다. 따라서 n을 사용하여 공식 E(A→B)을 계산하는 것은 하나의 큰 숙제였다. 그것을 해결하는 데에 무려 20년이라는 긴 세월이 걸렸다.

그러나 이와 같은 이상적인 전자는 존재하지 않는다. 우리가 실험실에서 측정한 질량은 이상전자가 아닌 실제전자 ***real electron*** 의 질량이다. 실제전자는 시시각각으로 광자를 방출, 흡수하고 있으므로 그 질량은 결합진폭 **j**와 밀접하게 연관되어 있다. 그리고 우리가 측정한 전하량은 실제전자와 실제광자 ***real photon*** (매순간 전자 – 양전자 쌍을 만들어내고 있는 광자) 사이의 결합진폭이므로, **n**을 포함하고 있는 **E(A→ B)**의 값에 따라 좌우된다(그림 78 참조). 이처럼 전자의 질량과 전하량 여러 가지 상황에 영향을 받고 있으므로, 실험실에서 측정한 질량 **m**과 전하량 **e**는 계산과정에 사용하고 있는 숫자 **n**, **j**

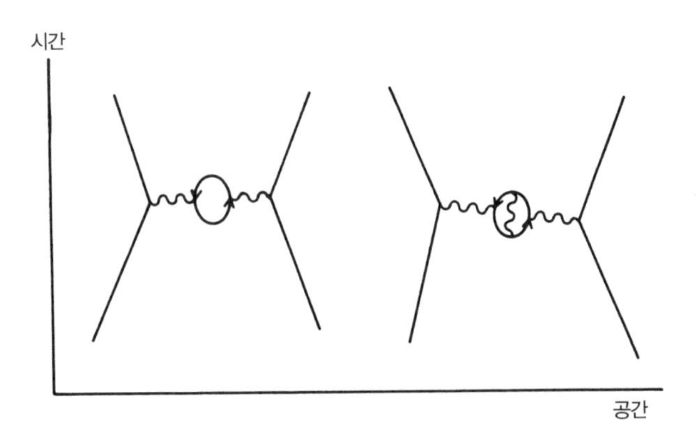

그림 78. 매우 신비로운 숫자 e, 즉 전자와 광자의 결합진폭은 모든 보정항(그 중 두 항이 그림에 그려져 있다)을 포함하고 있으며, 실험을 통해 측정된 값이다. 계산상 필요한 숫자 j는 이들 보정항을 포함하지 않고 단지 이상광자가 이곳에서 저곳으로 직접 움직이는 항만을 포함하고 있다. 이 j를 계산할 때에도 n을 계산할 때와 유사한 어려움에 직면하게 된다.

와는 엄연히 다른 것이다.

만약 **n**, **j**와 **m**, **e** 사이에 정확한 수학적 관계식이 존재한다면 문제는 발생하지 않는다. 우리는 그저 측정된 **m**과 **e**값을 얻기 위해 어떤 **n**과 **j**값이 필요한지를 계산하면 된다(계산결과가 일치하지 않는다면, 일치할 때까지 원래의 **n**과 **j**값을 조금씩 변화시키면 된다).

전자의 질량을 이론적으로 어떻게 계산하는지 살펴보자. 먼저 전자의 자기쌍극자능률에서 보았던 것과 비슷한 일련의 항을 적는다. 첫 번째 항은 광자와 상호작용이 전혀 없는 항이다. 이 항은 이상전자가 이곳에서 저곳으로 직접 진행하는 확률진폭 **E(A→B)**을 의미한다. 두 번째 항은 광자를 방출했다 다시 재흡수하는 두 개의 결합점을 갖고 있는 항이다. 그 다음으로 4개, 6개, 8개, 등등의 결합점을 갖고 있는 항들이 있다(이들 보정항 *correction* 중 일부가 그림 77에 그려져 있다).

결합점을 갖고 있는 항을 계산할 경우에는 결합이 일어날 수 있는 모든 가능한 점들, 심지어는 광자를 방출하고 흡수하는 두 결합점 사이의 거리는 0이 되는 무한소 영역까지도 항상 고려해야 한다. 그리고 문제는 바로 이 무한소 영역에서 발생한다. 이 영역을 포함하면 방정식의 결과가 무한대로 발산하기 때문이다. 무한대의 값이란, 물리적으로 아무런 의미도 가질 수 없다. 이 때문에 양자전기역학이론은 등장하면서부터 큰 장애에 부딪히게 되었다. 계산할 때마다 무한대라는 훼방꾼이 앞을 가로막았던 것이다(수학적 일관성 때문에 무한소 영역까지 고려해야 하지만, 이 경우에 어떤 값의 **n**과 **j**를 사용하더라도 그 결과는 무의미해진다. 간격이 0이 되는 곳이 바로 문제의 근원이다).

이처럼 골치 아픈 문제를 일으키는 무한소 영역을 고려하지 않고, 대신에 극미의 영역(현재 실험적으로 관측할 수 있는 최소 거리인 10^{-16}㎝보다도 십억의 십만 배나 작은 10^{-30}㎝영역)까지만 고려한다면, 측정한 질량 **m**과 전하량 **e**의 값을 이론적으로 재현시키는 데 필요한 **n**과 **j**의 특정 값이 존재한다. 그러나 이때도 문제는 발생한다. 만약 그 계산을 더 깊은 극미의 영역, 예를 들어 10^{-40}㎝영역까지 고려한다면, **m**과 **e**를 얻는 데 필요한 **n**과 **j**의 값이 달라지기 때문이다.

20년이 지난 1949년에 한스 베테 *Hans Bethe* 와 빅터 바이스코프 *Victor Weisskopf* 는 다음과 같은 사실을 발견했다.

"만약 두 사람이 m과 e를 계산하기 위하여 서로 다른 극미의 영역에서 이에 대응하는 서로 다른 n과 j를 결정하였다고 하자. 그러나 이 n과 j값을 실제의 여러 문제에 적용했을 때, 즉 모든 고차항들을 고려한다면 두 사람의 계산 결과는 같아진다."

실제로 무한소 영역에 가까이 다가갈수록 그 문제들에 대한 최종 결과는 서로 동일하게 된다. 나와 슈윙거, 그리고 도모나가는 제각기 이 주장을 입증하는 정확한 계산 방법 체계를 발견하였다(이 계산으로 우리는 노벨상을 받았다). 그리하여 우리는 마침내 양자전기역학이론으로 모든 것을 계산할 수 있게 되었다!

n과 j의 값(어떤 방법으로도 측정 불가능한 이론적 값이다)이야말로 결합점 사이의 무한소 간격에 따라 좌우되는 유일한 값이며, 그 외의 다른 측정될 수 있는 값들은 그것에 전혀 영향받지 않는다는 사실이 계산을 통하여 입증되었다.

n과 j를 발견하고자 하는 것은 일종의 도박이다. 이를 전문 용어로는 재규격화 ***renomalization*** 라 부르고 있다. 그러나 아무리 멋진 용어를 갖다 붙인다 해도 그러한 도박은 어리석은 행동이다. 이처럼 어리석은 마술적 주문에 의지하게 되자 양자전기역학이론의 수학적 자명성 ***self-consistency*** 은 베일에 싸여지게 되었다. 놀랍게도 아직도 이 이론이 자명한지는 판명되지 않았다(나는 재규격화가 수학적으로 합법적인 방법이라고는 생각하지 않는다). 한 가지 확실한 것은 양자전기역학이론을 묘사하는 합법적인 수학 방법이 아직도 발견되지 않았

다는 사실이다. **n**, **j**와 **m**, **e** 사이의 연관성을 설명하는 많은 이론이 제시되긴 했지만, 그 이론들의 수학적 방법은 그리 깨끗하지 못했다.*

결합상수 e의 신비

측정된 결합 상수 **e**(실제전자가 실제광자를 방출하거나 흡수할 확률진폭)에 관한 매우 심원하고 아름다운 질문이 하나 있다. 수많은 실험결과 **e**는 −0.08542455에 근접한 숫자임이 밝혀졌다(나의 동료 물리학자들은 이 숫자를 잘 모를 것이다. 왜냐하면 그들은 이 숫자를 대략 137.03597±2의 제곱근의 역수로 기억하고 있기 때문이다. 이 숫자는 발견된 지 50년이나 지났어도 여전히 신비로운 숫자이다. 모든 뛰어난 물리학자들은 이 숫자를 책상 위에 걸어놓고 틈날 때마다 바라보며 근심하고 있다).

순간적으로 여러분은 이 값의 근원이 어디인지 알고 싶을 것이다. 그 값은 원주율 파이 π와 관련되어 있을까, 아니면 자연대수의 밑수 **e**와 연관되어 있을까? 그것은 아무도 모른다. 이것은 물리학의 가장 지독한 미스터리 중 하나이다. 인간이 결코 이해할 수 없는 곳에서 나

* *이 난점을 해결하기 위하여 두 점을 제로 영역까지 접근시키는 것은 잘못된 개념이라고 생각해보자. 만약 두 점 사이의 가능한 최소 간격을 10^{-100}㎝정도로 작게 잡는다면 (오늘날 실험적으로 고려할 수 있는 최소 거리는 10^{-16}㎝정도이다.), 무한대는 사라진다. 그러나 이 경우 또 다른 불합리성이 생긴다. 예를 들어 한 사건의 발생 확률을 모두 더해보면 100%보다 조금 작거나 크게 나온다. 또한 무한소의 마이너스 에너지가 등장한다. 이러한 불합리성은 중력 효과를 고려하지 않았기 때문에 생긴 것 같다. 중력은 매우 약한 힘이지만, 이처럼 10^{-33}㎝ 거리 정도의 영역에서는 매우 중요한 역할을 한다.*

온 마술적인 숫자이다. 어쩌면 그 숫자는 신의 손으로 쓰여진 것일지도 모른다. 신이 어떻게 자신의 펜을 놀리고 있는지 우리가 어찌 알겠는가. 우리는 이 숫자를 정확하게 측정하는 실험적 방법은 알고 있지만, 바로 그 숫자가 되도록 만드는 신의 의도는 전혀 모르고 있다.

결합상수 **e**의 값은 $\sqrt{3}/2\pi^2$이라는 등, 지금까지 여러 제안들이 있었지만 그 어느 것도 유용한 것은 아니었다. 아마 이 숫자가 정확하게 136(그 당시의 실험치)이 된다는 것을 순수하게 논리만을 사용하여 최초로 증명한 사람은 아더 에딩턴 ***Arthur Eddington*** 일 것이다. 그러나 그 후 보다 정확한 실험을 통하여 이 숫자가 137에 가깝다는 사실이 밝혀지자, 에딩턴은 자신의 계산에 약간의 실수가 있었음을 변명하고서 그 숫자가 137임을 다시 밝혔다. 그 후 때때로 π와 자연대수의 밑수 **e**, 그리고 2와 5의 어떤 조합이 이 신비스런 결합상수 **e**와 연관되어 있다고 주장하는 사람들이 등장하곤 했다. 그러나 π, **e** 등으로 만들 수 있는 숫자는 천지에 널려 있다. 사실, 현대 물리학의 역사를 자세히 들여다보면, 근본적으로 **e**를 설명하기보다는 더 정교한 실험치가 나오면서 약간의 불일치가 발생할 경우에 한에서만, 궁여지책으로 이를 설명하는 논문들이 연달아 발표되었음을 알 수 있다.

오늘날엔 비합리적 과정을 통하여 **j**를 계산하고 있지만, 언젠가는 **j**와 **e** 사이를 연결해주는 합법적인 수학 관계식이 발견될지도 모른다. 그렇다면 **j**야말로 **e**의 근원이 되는 신비한 숫자가 될 것이다. 이러한 생각에서 황당무계하게 **j**=1/4π 등의 방식으로 **j**를 설명하는 많은 논문들이 발표되기도 했다.

이상으로 양자전기역학에 관련된 문제들을 일단락 짓도록 하겠다.

양성자와 중성자

내가 이 강연을 계획할 당시에는 완벽하게 완성된 물리학 분야, 즉 QED만 집중적으로 설명하려 마음먹었었다. 그러나 이 시점에 와보니, 계속해서 물리학의 타 분야에 대한 설명을 추가하는 것이 좋겠다는 생각이 들었다.

지금부터 강의할 분야는 양자전기역학처럼 정밀하게 검증된 분야는 아니다. 따라서 앞으로 이야기하는 것들은 단순한 추론이거나, 부분적으로 완성된 이론, 또는 순수한 공상들이므로, 여러분은 다른 강연에 비하여 다소 산만함을 느낄지도 모른다. 하지만 QED의 이론 구조가 물리학의 타 분야를 이해하는 데 기본적 토대를 제공해 준다는 것은 분명한 사실이다.

먼저 원자핵을 구성하는 양성자와 중성자 이야기부터 시작하자. 양성자와 중성자가 발견되었을 당시 그것은 단순한 입자라고 생각되었지만, 얼마 지나지 않아 단순하지 않다는 사실이 밝혀졌다. 여기서 '단순하다'는 말의 의미는 양성자와 중성자가 이곳에서 저곳으로 진행해 가는 확률진폭을 단지 공식 E(A→B)에 다른 n값을 대입하여 설명할 수 있다는 의미이다. 예를 들어 양성자의 자기쌍극자능률을 전자의 자기쌍극자능률과 같은 방식으로 계산한다면 1에 가까운 값이 되어야 한다. 그러나 실험적으로 그 값을 측정하면 완전히 다른 값(2.79)이 나온다. 그러므로 양성자의 내부에는 양자전기역학의 방정식으로는 설명되지 않는 무언가가 분명히 있을 것이다. 또한 중성자는 전기적으로 중성이므로 자기적 상호작용이 전혀 없어야 하는데도 자기쌍극자 값은 대략 −1.93 정도로 측정되었다. 따라서 중성자 내부에는 이해할 수 없는 어떤 것이 움직이고 있다고 오랜 기간 동안 여겨왔다.

양성자와 중성자를 결합하는 힘에도 문제가 있다. 그 힘은 광자의 교환으로 생기는 것이 아니다. 원자핵을 구성하는 그 힘은 광자의 교환만으로는 설명할 수 없을 정도로 매우 강력하다. 원자폭탄이 다이너마이트보다 훨씬 파괴적인 것처럼, 원자 내에서 전자 하나를 떼어내는 힘보다는 원자핵을 쪼개는 데 필요한 에너지가 훨씬 더 크다. 다이너마이트의 폭발은 전자 패턴의 재배치이지만, 원자폭탄의 폭발은 양성자 및 중성자 패턴의 재배치에 해당되기 때문이다.

이 힘을 규명하기 위해 고 에너지 양성자 빔을 원자핵에 충돌시키는 수많은 실험이 행해졌다. 이 실험에서 우리는 양성자와 중성자의 파편만이 조금 떨어져 나올 것이라고 예측했었다. 그러나 놀랍게도 에너지가 매우 큰 경우에는 새로운 입자들이 마구 튀어나왔다. 처음에 나온 입자는 파이온이었으며, 그 다음으로 람다 , 시그마 , 로우 등의 수많은 입자들이 튀어 나왔다. 알파벳을 다 채워도 모자랄 지경이었다. 그래서 그 후에는 시그마 1190, 시그마 1386 등, 숫자(입자의 질량을 의미함)까지 동원하여 입자에 이름을 붙여나갔다. 그 후 세상에 존재하는 입자의 수는 끝없이 열려 있으며, 실험에 사용하는 빔의 에너지에 따라 달라진다는 사실이 알려졌다. 현재에는 400여 개 이상의 기본 입자들이 발견되었다. 기본 입자가 400여 개라니! 이거 많아도 너무 많지 않은가.*

강한 상호작용

머리 겔만 ***Murray Gell-Mann*** 은 이 기본 입자들의 세계를 지배하는 규칙을 발견하였으며, 여러 창조적 인물들에 의해 1970년대 초엽에는 강한 상호작용 ***strong interaction*** 에 관한 양자이론(양자색역학 ***quantum chromodynamics***)이 제안되었다. 강한 상호작용의

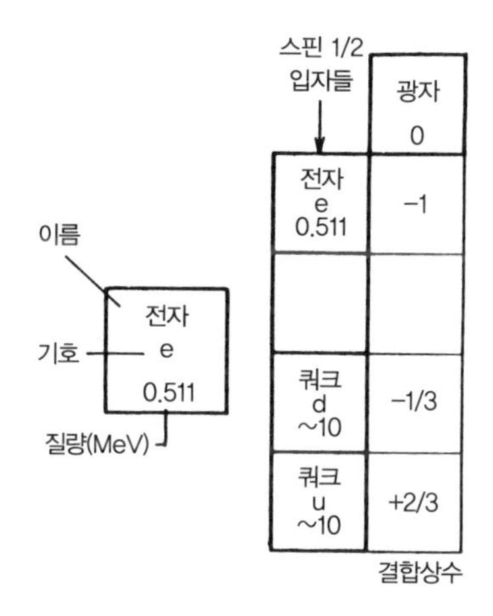

그림 79. 이 세계에 존재하는 모든 입자의 목록은 스핀1/2 입자인 전자(0.511MeV의 질량)와 두 개의 u, d(둘 다 대략 10MeV 정도의 질량)쿼크에서 시작된다. 전자와 쿼크는 전하를 갖고 있다. 이 입자들이 광자와 결합하는 확률진폭은(결합상수 -j의 단위로) -1, -1/3, +2/3이다.

* *비록 고 에너지 실험에서 많은 입자들이 원자핵에서 튀쳐나오더라도 저 에너지 실험, 즉 보다 정상적인 조건에서 원자핵은 단순히 양성자와 중성자로 구성되어 있다.*

주연배우는 쿼크 ***quark*** 이다. 쿼크로 구성되어 있는 입자는 두 가족으로 분류할 수 있다. 한 가족은 양성자, 중성자처럼 세 개의 쿼크로 구성되어 있으며(이를 바리온 ***baryon*** 이라 부른다), 다른 가족은 파이온처럼 쿼크와 반쿼크 ***anti-quark*** 쌍으로 구성되어 있다(이를 중간자 ***meson***라 부른다).

오늘날 발견된 기본 입자들은 다음과 같은 도표를 통해 분류할 수 있다(그림 79 참조). 우선 스핀1/2 입자들에서부터 분류를 시작해 보자. 이러한 입자의 대표적인 예는 전자이다. 전자의 질량은 0.511**MeV**이다.*

그림 79를 보면 전자 바로 밑에 빈 칸이 보인다. 이 빈 칸은 나중에 채워 넣을 것이다. 또한 그 빈 칸 밑에 **u**와 **d**쿼크를 채워 놓았다. 이들 쿼크의 질량은 정확하게 알려져 있지 않다. 예측컨대 둘 다 대략 10**MeV**정도라 생각된다(중성자가 양성자보다 약간 무겁다는 사실로부터, **d**쿼크가 **u**쿼크보다 약간 무거움을 짐작할 수 있다).

또한 각 입자들 옆 칸에 전하, 즉 결합상수를 −**j**(광자와 결합하는 결합상수의 부호를 뒤집은 값)의 단위로 표시하였다. 이 단위에서 보면 전자의 전하는 −1이 되므로 과거로부터 우리가 사용해온 벤저민 프랭클린 ***Benjamin Franklin***이 정한 관례와 일치한다는 것을 알 수 있다. d쿼크가 광자와 결합하는 확률진폭은 −1/3, **u**쿼크에 대해서는 +2/3가 된다(만약 벤저민 프랭클린이 쿼크를 알고 있었다면, 전자의 전하를 −3으로 정했을지도 모른다).

* | *1MeV란 질량은 대단히 작은 값이다. 대략 1.78×10^{-27}g에 해당한다.*

자, 양성자의 전하는 +1이고 중성자의 전하는 0이다. 여러분이 위의 숫자들을 갖고 놀다보면, 양성자가 세 개의 쿼크로 이루어져 있으므로, 양성자는 두 개의 **u**와 하나의 **d**로 구성되어 있으며, 중성자는 두 개의 **d**와 하나의 **u**로 이루어져 있다는 사실을 이해할 수 있을 것이다(그림 80 참조).

이 쿼크들을 서로 결합해주는 힘은 무엇일까? 그 힘은 광자의 교환, 즉 전기력일까? (**d**쿼크는 −1/3의 전하를, **u** 쿼크는 +2/3의 전하를 갖고 있으므로 쿼크는 광자를 교환할 수도 있다). 하지만 이 전기력은 그들을 서로 묶어 두기에는 너무 약하다. 이리하여 쿼크 사이를 왔다 갔다 하며 그들을 속박해주는 무언가 다른 입자가 제안되었으며, 그 입자에는 글루온 ***gluon*** 이라는 이름이 붙여졌다.*

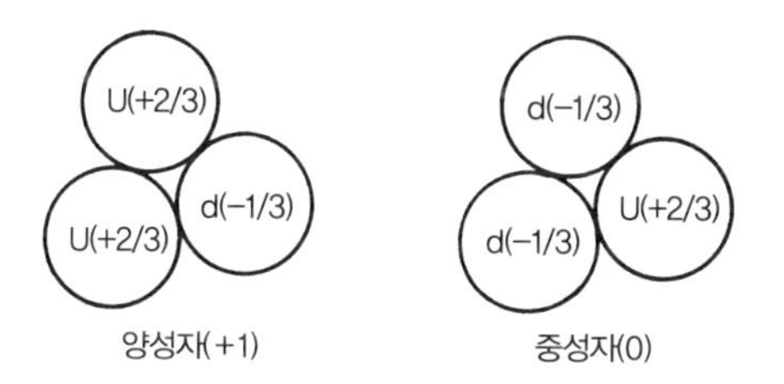

그림 80. 쿼크로 이루어지는 모든 입자는 두 개의 가족, 즉 쿼크−반쿼크 쌍으로 이루어진 가족과 세 개의 쿼크로 이루어진 가족(양성자, 중성자는 이 가족에 속하는 가장 흔한 예이다)으로 분류된다. d와 u의 전하를 합하면 양성자의 경우는 +1이 되고 중성자의 경우는 0이 된다. 이처럼 양성자와 중성자가 쿼크로 구성되어 있다는 사실은 왜 양성자가 1보다 큰 자기쌍극자능률을 갖고 있으며, 왜 중성자 역시 자기쌍극자능률을 갖고 있는가에 대한 단서를 제공해준다.

* *이름에 주목해보자. 광자photon는 빛을 뜻하는 그리스어에서 나왔으며, 전자electron는 전기가 처음 발견된 호박을 뜻하는 그리스어에서 나왔다. 그러나 현대에 이르러 글루온이*

글루온은 광자와 같이 스핀1인 입자이다. 이 글루온이 이곳에서 저곳으로 옮겨 가는 확률진폭은 정확하게 광자와 같은 공식 P(A→B)에 의하여 결정된다. 그러나 글루온이 쿼크에서 방출되거나 흡수되는 확률진폭은 **g**라는 신비로운 숫자로 표현되며, 그 값은 **j**보다 훨씬 크다(그림 81 참조).

쿼크가 글루온을 교환하는 도식은 전자가 광자를 교환하는 그림을

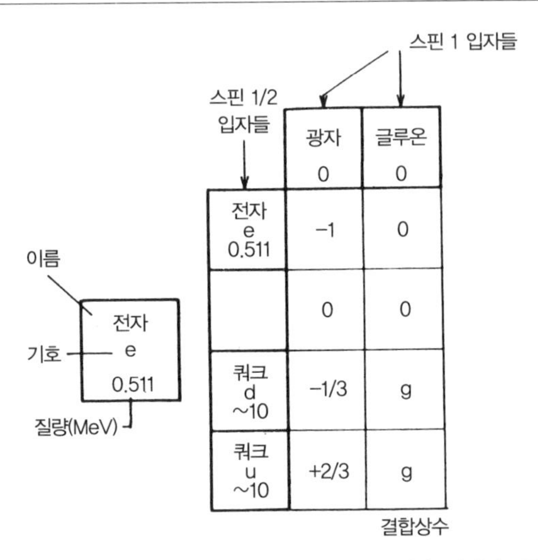

그림 81. 글루온은 쿼크를 묶어 양성자와 중성자를 형성하도록 하며, 간접적으로는 양성자와 중성자가 결합하여 원자핵을 형성하는 힘의 근원이 되기도 한다. 글루온은 전기력보다 훨씬 강한 힘으로 쿼크를 묶어준다. 따라서 글루온의 결합상수 g는 j보다 훨씬 크며, 글루온을 포함하는 계산은 매우 어려워진다. 지금까지 그 계산은 기껏해야 10% 정도의 정확성을 갖고 있다.

라는 단어를 만들면서 고대 그리스어에서 입자의 이름을 따오는 현상은 점차 없어지게 되었다. 여러분은 이 입자의 이름을 왜 글루온이라 붙였는지 어느 정도 상상할 수 있을 것이다. u와 d 역시 '위up' 와 '아래down' 라는 단어의 줄임말이지만, 진짜 위나 아래를 뜻하는 것은 아니다. 이러한 쿼크의 d 성질 또 u 성질을 그 쿼크의 향flavor이라 부르기도 한다.

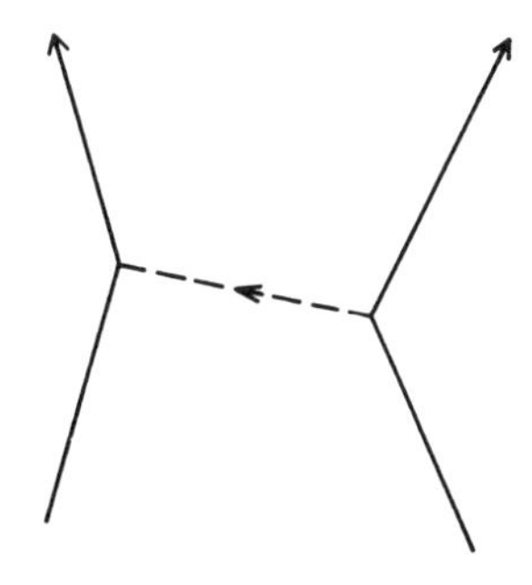

그림 82. 두 쿼크가 하나의 글루온을 교환하는 도식 중 하나는 두 전자가 광자를 교환하는 도식과 매우 유사하다. 물리학자들은 양자전기역학이론을 그대로 모방하여 양성자와 중성자 내부에 쿼크를 결합하고 있는 강한 상호작용을 설명하고 있다. 여러분은 물리학자가 모방의 천재라고 생각할지도 모른다. 그렇다. 사실 그들은 거의 모든 것을 모방했다.

그대로 모방한 것이다(그림 82 참조). 그렇다고 물리학자들이 원숭이처럼 흉내만 낼 줄 아는 사람들이라는 뜻은 아니다. 물리학자들은 양자전기역학이론을 그대로 모방해서 강한 상호작용 이론을 만들어내긴 했지만, 그대로 가져다가 복사판을 만든 것이 아니라, 약간의 필요한 수정 작업을 거쳤다.

쿼크는 비기하학적 편광 유형을 더 갖고 있다. 요즈음의 멍청한 물리학자들은 상징적인 고대 그리스어를 포기하고, 이 새로운 편광 유형에다 색 *color* 이라는 어울리지 않는 이름을 갖다 붙였다. 그것은 통상적으로 우리가 알고 있는 색과는 전혀 무관한 것이다. 어떤 특정 시간에 쿼크는 색이라고 하는 세 상태(R, G, B) 중 한 상태에 존재하고 있다(R, G, B가 무엇을 의미하는지 여러분은 쉽게 알 것이다. 그것은 ***red, green, blue*** 의 머리글자이다). 쿼크의 색은 글루온을 방출하거나 흡수할 때 변한다. 따라서 글루온은 그들이 결합할 수 있는 색에 따라서 8종류가 존재한다. 예컨대, 적색 쿼크가 녹색쿼크로 변한다면, '적색-반녹색 *red-antigreen*' 글루온, 즉 쿼크에서 붉은색을 취하면서 녹색을 주는(반녹색은 녹색을 뺏는 것이 아니라 주는 것을 의미한다) 글루온이 방출된다. 이 글루온이 녹색 쿼크에 의해 흡수되면 그 쿼크는 붉은색으로 변한다(그림 83 참조). 이렇게 하여 8종류의 글루온 즉, 적색-반적색, 적색-반청색, 적색-반녹색 등의 글루온이 존재할 수 있다(여러분은 9종이 존재한다고 생각하겠지만, 기술적인 이유 때문에 하나는 사라진다). 이 이론은 그렇게 복잡하지 않다. 글루온은 완전한 규칙에 따라 색과 결합한다. 이러한 규칙은 색을 주고받을 때 지켜져야 할 일종의 약관을 따르고 있다.

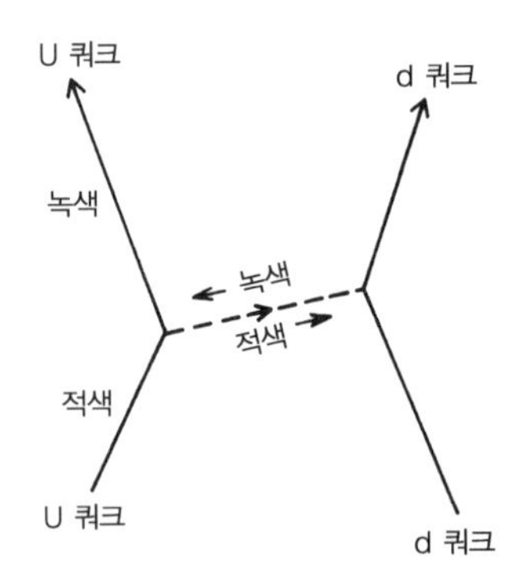

그림 84. 글루온 이론은 글루온이 적색, 녹색, 청색 중 하나의 색을 갖는 존재와 결합한다는 점에서 양자전기역학과 다르다. 이 그림에서 적색 u쿼크는 적색-반녹색 글루온을 방출하면서 녹색으로 변했으며, 녹색 d쿼크는 이 글루온을 흡수하면서 적색으로 변하였다(만약 쿼크가 시간을 거슬러 과거로 움직인다면 그 앞에 반anti이라는 접두어만 붙여주면 된다).

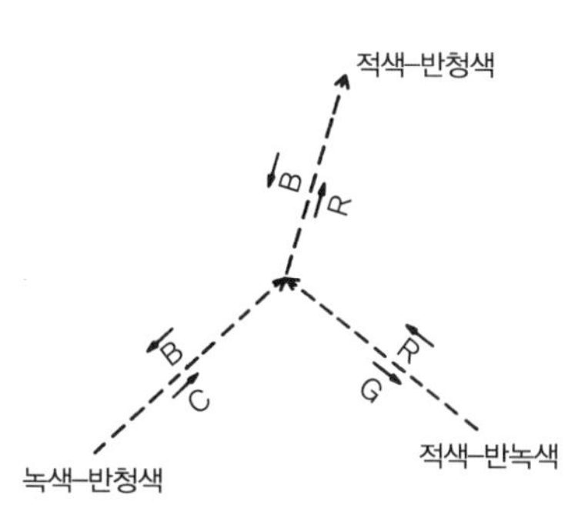

그림 84. 글루온은 자신이 색을 갖고 있으므로 자기들끼리 결합할 수 있다. 이 그림은 녹색–반청색 글루온이 적색–반녹색 글루온과 결합하여 적색–반청색 글루온이 되는 것을 보여주고 있다. 글루온 이론은 어렵지 않다. 단지 '색'만 쫓아가면 된다.

그러나 이 규칙에 따르면 흥미 있는 가능성, 즉 글루온이 다른 글루온과 결합할 수 있는 가능성이 생긴다(그림 84 참조). 예를 들어, 녹색–반청색 글루온이 적색–반녹색 글루온과 만나면 적색–반청색 글루온이 된다. 이처럼 글루온 이론은 매우 단순하다. 여러분은 도식을 만든 다음에 색을 붙여주기만 하면 된다. 이때 모든 도식 속의 결합세기는 글루온의 결합상수 g에 의해 결정된다.

글루온 이론은 양자전기역학이론의 형태와 많은 차이가 없다. 그렇다면 이 이론은 어떻게 실험과 비교할 수 있을까? 실험으로 측정한 양성자의 자기쌍극자능률과 이 이론으로 계산한 값을 어떻게 서로 비교할 수 있을까?

그 값은 정밀한 실험 결과 2.79275임이 밝혀졌다. 그러나 가장 정밀한 이론치는 단지 2.7±0.3일 뿐이다. 여러분들이 이 값을 아무리 너

그럽게 보아준다 해도, 그 오차의 정도는 실험치의 오차보다 10,000배나 크다. 이처럼 양성자와 중성자의 특성을 설명해줄 수 있는 단순한 이론은 제안되어 있지만, 그 수학이 너무 어렵기 때문에 아직 그 무엇도 정확하게 계산된 것이 없다(열심히 일을 하고는 있지만 사실 아무것도 얻은 것이 없는 셈이다). 정확한 정밀도로 계산할 수 없는 이유는 글루온의 결합상수 **g**가 전자의 결합상수보다 대단히 크기 때문이다. 이 때문에 2개, 4개, 또는 6개의 결합점을 갖는 항들이 결합이 없는 항과 비교할 때 결코 작은 값이 아니기 때문에 그 항들을 무시할 수가 없는 것이다. 이처럼 우리는 무수히 많은 가능성들을 모두 고려해야 한다. 그러나 아직도 이 모두를 고려하여 최종 화살표를 얻는 합리적인 방법은 밝혀지지 않았다.

책들마다 과학이란 단순한 것이라고 말한다. 이론을 만들어서 그것을 실험과 비교하면 그만이라고. 이때 실험과 일치하지 않으면 그것을 버리고 새 이론을 만들면 되는 것이라고들 한다. 그러나 우리는 지금 수많은 실험값과 그것을 설명할 확실한 이론을 갖고 있지만, 정작 그들을 서로 비교할 방법을 모르고 있다. 이런 묘한 상황은 과거의 물리학에는 결코 존재하지 않았다. 우리는 일시적이나마 벽에 막혀버렸다. 작은 화살표들에 파묻혀버린 것이다.

계산상의 난관에 봉착하긴 했지만, 우리는 양자색역학 ***quantum chromodynamics*** (쿼크와 글루온 사이의 강한 상호작용)을 정성적으로는 이해하고 있다. 우리에게 보이는 물질은 쿼크로 구성되어 있으면서 색이 중화되어 있다. 즉 세 개의 쿼크로 이루어진 입자들은 적색, 녹색, 청색의 쿼크로 구성되어 있으며, 쿼크와 반쿼크로 이루어진 입자들은 보색(적색과 반적색, 녹색과 반녹색, 청색과 반청색)으로 구성되어 있다. 또한 우리는 왜 쿼크가 결코 독립적인 자유입자로 존재할 수 없는지(아무리 높은 에너지를 가진 양성자로 원자핵을 때려도 개개의 쿼크가 튀어 나오는 것이 아니라, 역시 세 개의 쿼크로 이루어졌거나 쿼크와 반쿼크로 이루어진 메손과 바리온이 나올 뿐이다) 이해하고 있다.

약한 상호작용

그러나 양자색역학과 양자전기역학만으로는 모든 물리현상을 설명할 수 없다. 이 두 이론에 따르면, 쿼크는 그 향기를 바꿀 수 없다. u쿼크는 항상 u쿼크일 뿐이며, d쿼크는 항상 d쿼크일 뿐이다. 그러나 자연은 때때로 이와 다르게 움직인다. 이른바 베타붕괴라고 부르는 방사능 현상(원자로 주변에서 새어 나온다고 사람들이 걱정하는 것)이 존재한다. 베타붕괴에 의하여 중성자는 양성자로 변한다. 중성자는 두 개의 d와 하나의 u로, 양성자는 두 개의 u와 하나의 d로 이루어져 있으므로, 베타붕괴란 중성자 내부의 d쿼크 중 하나가 u쿼크로 변하는 현상이라고 볼 수도 있는 것이다(그림 85 참조). 이 과정은 다음과 같이 일어난다. d쿼크가 광자와 유사한 W라 부르는 새로운 입자를 방출하며 u쿼크로 변하고, 이 W입자는 전자와 반뉴트리노 *anti-neutrino* (시간을 거슬러 움직이는 뉴트리노)로 붕괴한다. 뉴트리노

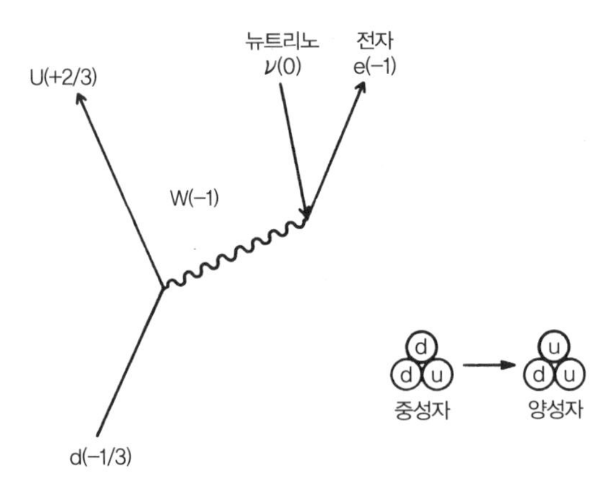

그림 85. 중성자가 양성자로 붕괴할 때(베타붕괴 과정) 유일하게 변하는 것은 단지 하나의 쿼크의 향(d에서 u로)이며, 이때 전자와 반뉴트리노가 방출된다. 이 과정은 전자기적 상호작용에 비하여 천천히 일어나므로, 매개입자(흔히 W매개보손intermediate-boson이라 부른다)의 질량은 매우 크고(대략 80,000MeV) 그 전하는 −1이라고 생각된다.

는 전자나 쿼크와 유사한 스핀1/2의 입자이지만 질량도 전하도 갖고 있지 않다. 따라서 광자와 전혀 상호작용하지 않는다. 또 뉴트리노는 글루온과도 상호작용하지 않으며 단지 **W**입자하고만 상호작용을 주고받는다(그림 86 참조).

W입자는 광자나 글루온처럼 스핀1 입자이며 쿼크의 향을 바꾸면서 전하의 일정량을 빼앗아간다. 즉 −1/3의 전하를 갖는 **d**쿼크가 +2/3의 전하를 갖는 **u**쿼크로 변하므로 그 차이는 −1이 된다(그러나 쿼크의 색은 변하지 않는다). 따라서 **W**입자는 −1의 전하를 갖고 있으므로(이 입자의 반입자인 $\mathbf{W}_+$는 +의 전하를 갖고 있다) 광자와 결합할 수도 있다. 베타붕괴는 전자와 광자의 상호작용에 비하여 매우 느린 속도로

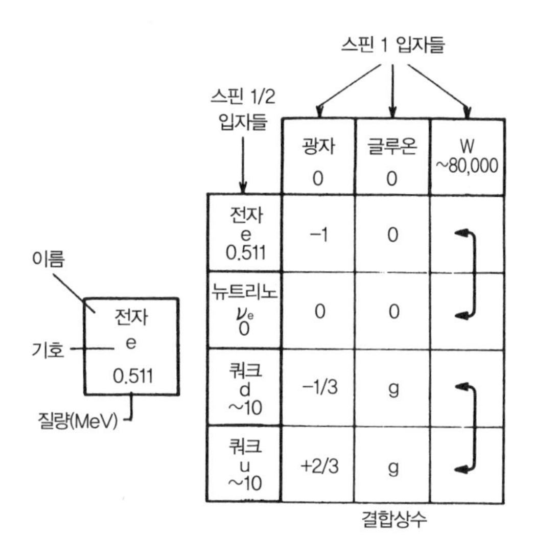

그림 86. W입자는 한편으로 전자, 뉴트리노와 결합하고 다른 한편으로는 d, u쿼크와 결합한다.

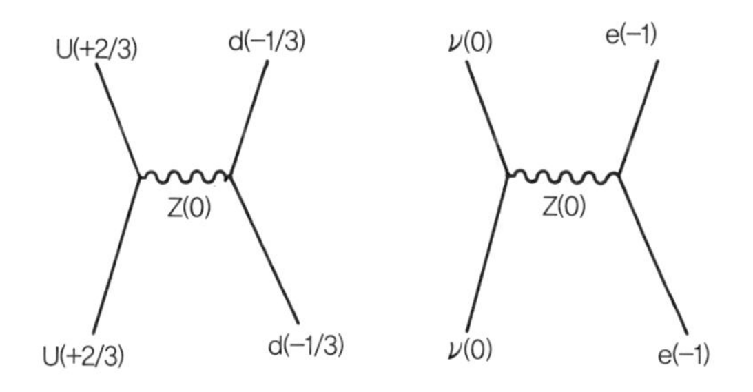

그림 87. 반응에 참여하는 입자의 전하가 변하지 않는다면 W 역시 전하를 갖고 있지 않아야 한다(이 입자를 Z_0라 부른다). 이러한 상호작용을 중성전류라 부른다. 중성전류의 두 가지 가능성이 이 그림에 표시되어 있다.

일어나므로, W입자는 광자나 글루온과는 달리 매우 큰 질량(대략 80,000MeV)을 가져야 한다. 이렇게 큰 질량을 갖는 입자를 만들기 위해서는 매우 큰 에너지가 필요하기 때문에 **W**입자를 볼 수는 없다.*

전하가 없는 **W**입자, 이른바 $\mathbf{Z}_0$라 부르는 입자도 존재한다. 이 $\mathbf{Z}_0$입자는 쿼크의 전하를 변화시키지는 않지만 **d**쿼크, **u**쿼크, 전자, 뉴트리노 등과 결합할 수 있다(그림 87 참조). 이러한 상호작용은 중성전류 ***neutral current*** 라는 잘못된 이름으로 불렸으며, 몇 년 전 이 전류가 발견되었을 때 큰 관심을 일으키기도 하였다.

W에 관한 이론은 세 가지의 **W**입자($\mathbf{W}_+$, $\mathbf{W}_-$, $\mathbf{Z}_0$)들에 삼지점 결합 ***three-way coupling***을 도입하면 들어맞는다(그림 88 참조). **W**입자의 측정된 결합상수값은 광자의 값 **j**와 매우 비슷하다.

그러므로 세 개의 **W**입자와 광자가 동일한 존재의 다른 모습이라는 가능성이 있을 수 있다. 스티븐 와인버그 ***Stephen Weinberg*** 와 압두스 살람 ***Abdus Salam*** 은 이러한 가능성을 실현하여, 약한 상호작용 ***weak interaction*** (**W**에 의한 상호작용)과 양자전기역학을 하나의

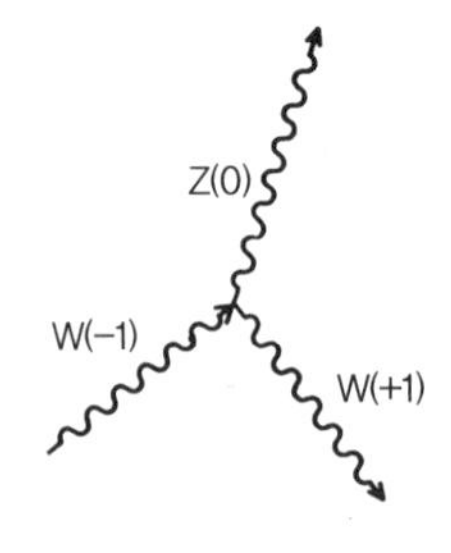

그림 88. W_{-1}입자와 반입자인 W_{+1}, 그리고 중성의 W(Z_0)입자, 이 세 입자의 결합이 가능하다. W의 결합상수가 j의 근방이라는 점에서 W입자와 광자는 동일한 존재의 다른 모습으로 간주되고 있다.

* *이 강연이 끝나고 얼마 후에 고 에너지 입자 가속기에서 W입자를 만들어 냈으며, 그 질량은 이론의 예견치와 거의 일치했다.*

양자이론으로 통합하였다. 그러나 그 결과만을 바라본다면 이것은 기껏해야 두 이론을 접착제로 붙여놓은 것에 불과하다. 어떤 방식으로든 광자와 **W**입자들이 서로 연결되어 있음은 분명한 사실이다. 하지만 현재의 물리학 수준에서 그 연관성을 명쾌하게 밝힌다는 것은 불가능한 일이다. 통합 이론에는 여러 가지 결함이 있다. 이 이론은 아직도 다듬어지지 않았으며 따라서 그 연관성은 보다 아름답게, 또는 보다 정확하게 수정되어야 할 것이다.

반복되는 입자 가족들

지금까지 우리는 세 종류의 상호작용에 관한 양자이론을 살펴보았다. 쿼크와 글루온 사이의 강한 상호작용, **W**에 의한 약한 상호작용, 광자에 의한 전기적 상호작용이 그것이다. 이 모델에 의하면 이 세계에 존재하는 입자는 쿼크(각각 세 가지의 색을 갖고 있는 세 종류의 **u**쿼크와 **d**쿼크), 글루온(**R**, **G**, **B**의 8가지 조합), 세 개의 **W**입자, 전자, 뉴트리노, 광자, 그리고 이들의 반입자를 포함한 총 6부류의 20여 종류의 입자뿐이다. 20여 종뿐이라면 좋겠지만, 실제로는 그 밖에도 더 많은 입자들이 존재한다는 데 문제가 있다.

원자핵을 때리는 양성자의 에너지가 높을수록 새로운 입자들이 튀어 나온다. 이러한 새로운 입자 중 하나가 뮤온 ***muon*** 이다. 뮤온은 전자보다 질량이 무겁다는 점을 제외하고는 전자와 완전히 같은 입자이다. 그 질량은 전자의 질량 0.511**MeV**보다 206배 무거운 105.8**MeV**

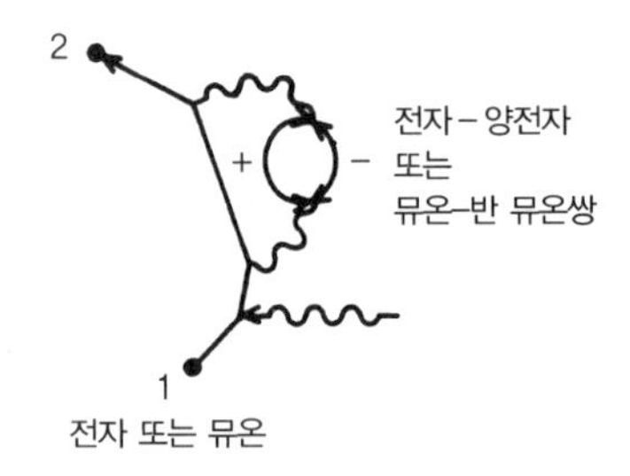

그림 89. 원자핵을 때리는 과정에서 양성자의 에너지가 높을수록 새로운 입자들이 등장한다. 이들 중 한 입자가 전자보다 무거운 뮤온이다. 뮤온의 상호작용을 묘사하는 이론은 n에 더 큰 숫자를 대입한다는 사실을 제외하고는 전자에 관한 이론과 완전히 동일하다. 그러나 뮤온의 자기쌍극자능률은 두 가지 특별한 가능성 때문에 전자와는 약간 달라진다. 즉, 전자가 방출한 광자는 전자–양전자 쌍이나 뮤온–반뮤온 쌍으로 붕괴하는데, 이때 원래의 전자와 같거나 무거운 질량을 갖는 쌍이 생성된다. 반면에 뮤온이 방출한 광자 역시 전자–양전자 쌍이나 뮤온–반뮤온 쌍으로 붕괴할 수 있는데, 이때 생성된 쌍은 원래 뮤온보다 질량이 가볍거나 같다. 이와 같은 미세한 차이가 실험으로 확인되었다.

나 된다. 뮤온의 모든 특성은 양자전기역학이론으로 완벽하게 설명된다. 결합상수 **j**와 **E(A→B)**는 전자의 경우와 완전히 일치하지만, **n**만은 다른 값을 대입해야 한다.*

뮤온의 질량이 전자보다 약 200배나 크기 때문에 뮤온의 초시계는 전자보다 200배 빠르게 회전한다. 이러한 성질을 이용하여 우리는 전

* *뮤온의 자기쌍극자능률은 매우 정확하게 측정되었다. 전자의 자기쌍극자능률은 1.00115965221±0.00000000004이었지만, 뮤온은 1.001165924±0.000000009로 측정되었다. 여러분은 왜 뮤온의 자기쌍극자능률이 전자보다 약간 큰지 궁금할 것이다. 전자가 광자(전자, 양전자 쌍으로 붕괴하는 광자)를 방출하는 도식을 생각해보자(그림 89 참조). 이때 방출된 광자가 뮤온과 반뮤온 쌍으로 붕괴한다면, 그 뮤온 쌍은 전자보다 무거우므로 이 과정은 잘 발생하지 않는다. 반면에 뮤온이 광자를 방출할 경우, 그 광자가 전자와 양전자 쌍으로 붕괴한다면 그 쌍은 원래의 뮤온보다 가벼우며, 뮤온과 반뮤온 쌍으로 붕괴할 경우도 같은 질량을 갖게 된다. 이처럼 양자전기역학이론은 전자와 뮤온의 모든 전기적 특성을 정확하게 설명해준다.*

기역학이 과거에 실험 가능했던 영역보다 약 200배나 작은 미세한 영역에서도 여전히 성립하고 있는지를 검증할 수 있다(비록 이 영역이 무한대의 문제를 일으키는 무한소 영역보다 엄청나게 크긴 하지만).

이제, 뮤온이 베타붕괴 같은 방사능붕괴를 할 수 있는지 알아보자. 즉 **d**쿼크가 **u**쿼크로 바뀌면서 방출한 **W**입자가 과연 전자 대신에 뮤온과도 결합할 수 있는지를 생각해보자(그림 90 참조). 또한 반뉴트리노에 대해서는 어떠한지 알아보자. 뮤온과 **W**입자의 결합에는 통상의 뉴트리노(이를 전자 뉴트리노 ***electron neutrino*** 라 부른다) 대신에 뮤-뉴트리노 ***mu-neutrino***라 불리는 입자가 참여한다. 따라서 지금 우리는 입자 테이블에 전자와 뉴트리노 항목 다음에 뮤온과 뮤-뉴트리노를 첨가해야 한다.

쿼크에 대해서는 어떠할까? 이전에 행해진 실험에서 **u**와 **d**보다 무

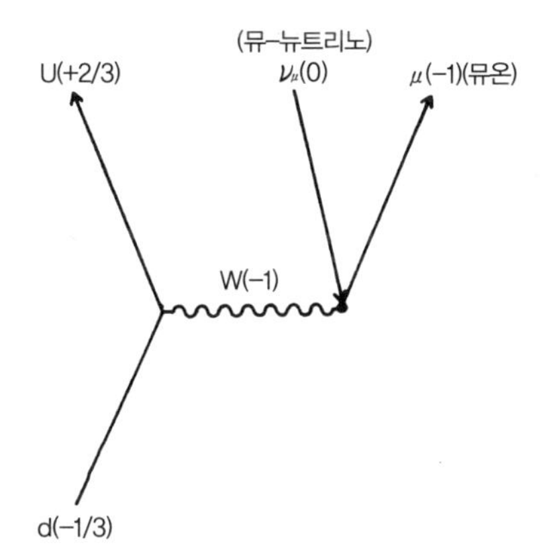

그림 90. W입자는 전자 대신에 뮤온을 방출할 수도 있다. 이 과정에는 전자-뉴트리노 대신에 뮤-뉴트리노가 참여한다.

거운 쿼크로 구성되어 있는 듯한 입자들이 발견되었다. 따라서 s(*strange*의 머리글자)라 불리는 세 번째 쿼크를 기본 입자 목록에 첨가해야 한다. 이 **s**쿼크의 질량은 200**MeV**로서, 10**MeV**의 질량을 갖고 있는 **u**, **d**쿼크보다 20배나 무겁다.

여러 해 동안 우리는 세 가지 쿼크의 향기(**u**, **d**, **s**)만이 존재한다고 생각해왔다. 그러나 1974년에 이르러 프시메손 ***psi-meson*** 이라 불리는 새로운 입자가 발견되었다. 이 입자는 세 가지의 쿼크향만으로는 이해할 수 없었다. 이와 아울러 베타붕괴에서의 **u**쿼크와 **d**쿼크처럼, **s**쿼크가 **W**입자를 방출하면서 결합해야 할 네 번째 쿼크가 존재해야

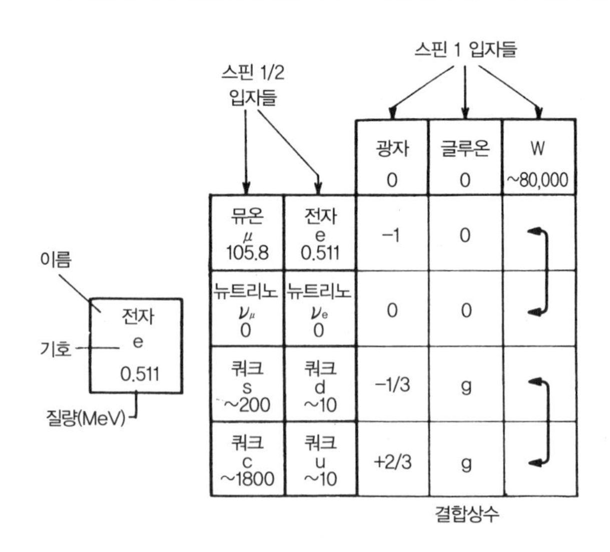

그림 91. 자연에는 스핀1/2 입자들이 반복되어 있는 듯하다. 뮤온과 뮤-뉴트리노 외에 s와 c라는 새로운 쿼크가 존재하며, 이 s와 c는 그 옆 행에 있는 짝과 비교할 때 전하는 같지만 질량은 더 크다.

한다는 훌륭한 이론적 근거도 제기되었다(그림 91 참조). 이 네 번째 쿼크의 향기를 c(*charm* 의 머리글자)라고 부른다. 갈수록 이름이 엉망이 되어가는 것 같다.

이처럼 신비롭게도 에너지가 높아지면서 비슷한 성질의 무거운 입자들이 반복하여 나타난다. 이러한 낯선 패턴의 중복은 무엇을 의미하는가? 뮤온이 발견되었을 때 래비 *I. I. Rabi* 교수가 말했던 것처럼, "대체 그걸(뮤온) 주문한 게 누구야?"(이론적 뒷받침 없이 발견되는 입자의 수가 넘쳐나는 1960~1970년대 소립자 물리학의 상황을 상징적으로 표현한 농담이다. 자신은 주문 안 했는데 뜬금없이 실험실에 배달된 뮤온을 누가 주문 *order* 했냐라는 뜻이다－옮긴이주)

최근에는 입자 목록표에 또 다른 반복이 되풀이되기 시작했다. 점점 더 높은 에너지로 올라갈수록, 자연은 마치 우리를 홀리듯이 수많은 입자들을 산더미처럼 쌓아놓는다. 이토록 복잡하게 얽혀 있는 이 세계가 실제로 어떻게 보이는지 여러분이 이해할 수 있도록, 좀더 자세한 설명을 하고자 한다. 여러분들이 전자와 광자로 이루어진 세계의 99%의 현상을 이해하고 있으므로 더 나머지 1%의 현상을 이해하기 위해서 단지 1%의 입자들만을 더 고려하면 된다는 인상을 받았다면 그것은 오산이다. 나머지 1%를 설명하기 위해서 열 배, 스무 배 이상의 입자들을 고려해야 한다.

자, 계속해서 진도를 나가보자. 보다 높은 에너지로 실험을 했더니, 보다 무거운 전자인 타우 입자가 발견되었다. 이 타우 입자는 양성자보다 두 배 무거운 1,800**MeV** 정도의 질량을 갖고 있다. 타우－뉴트리노 역시 그 존재가 예견되어 있었다. 또한 쿼크의 새로운 향의 존재를 의미하는 괴상한 입자가 발견되었다. 이번에는 이 향기를 ***beauty*** 의 머리글자인 **b**로 붙였다. 이 쿼크는 −1/3의 전하를 갖고 있다(그림 92 참조). 이제 여러분이 잠깐 동안이나마 뛰어난 이론입자물리학자가 되어서 무언가를 예견했다면 아마 다음과 같을 것이다. 질량 …**MeV** 이고 전하 …인 …이라 부르는 새로운 쿼크가 반드시 발견될 것이다. 그것은 내가 보증할 수 있다.*

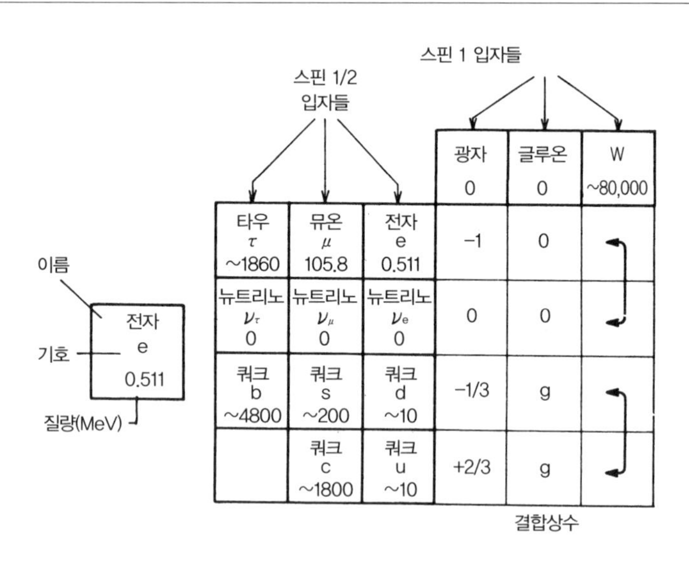

그림 92. 스핀1/2인 또 다른 입자의 중복 패턴이 고 에너지에서도 나타나기 시작했다. 하지만 아직까지 새로운 쿼크 향의 존재를 입증하는 새로운 입자는 발견되지 않았다. 반면에 보다 높은 에너지에서 또 다른 반복의 조짐을 찾고자 하는 실험이 준비되고 있다. 이러한 반복의 원인은 현재로서는 완벽한 미스터리이다.

* *이 강연이 끝난 후 40,000MeV 근처에서 t쿼크가 존재한다는 약간의 증거가 나왔다(실제로 t쿼크는 1994년에 발견되었다 - 옮긴이주).*

또, 이러한 반복 패턴이 다시 되풀이되는지를 알고자 하는 실험이 진행 중에 있다. 최근에 타우보다 더 무거운 전자를 찾기 위한 실험 장치가 건설 중이다. 만일 그 입자의 질량이 100,000**MeV**라면 그 입자는 생성될 수 없을 것이다(우리는 아직도 이렇게 무거운 입자는 생성할 수 없다). 그러나 그 질량이 4,000**MeV** 근처라면 그 입자는 생성될 것이다.

이론물리학자들은 이러한 반복 패턴의 미스터리에 완전히 매료되었다. 자연은 우리에게 기가 막힌 수수께끼를 던져준 것이다. 왜 자연은 전자의 질량을 206배, 3,640배 등으로 반복하고 있을까?

끝으로 한마디만 더 하고 입자에 관한 이야기를 마치기로 하겠다. **d**쿼크가 **W**입자와 결합하여 **u**쿼크로 변화할 때, **u**쿼크 대신 **c**쿼크로 변화하는 작은 확률진폭도 갖고 있다. 그리고 **u**쿼크가 **d**쿼크로 변할 때, 또한 **s**쿼크로 변화할 작은 확률진폭과 **b**쿼크로 변화할 더욱 작은 확률진폭도 함께 갖고 있다(그림 93 참조). 이와 같이 **W**입자는 쿼크를 입자 목록표의 한 행에서 다른 행으로 즉, 그 향기를 변화시켜 주고 있다. 왜 쿼크가 다른 향의 쿼크로 변화하는 확률진폭을 갖고 있는지는 전혀 밝혀지지 않았다.

이것이 바로 양자물리학의 나머지 이야기이다. 모든 것이 너무 뒤죽박죽이어서, 제대로 작동할 가능성이 전혀 없는 절망적인 물리학으로 보일 것이다. 그러나 물리학은 항상 그래 왔다. 자연은 언제나 실타래처럼 뒤엉켜 있지만, 우리는 그 속에서 패턴을 찾고 이론들을 서로 짜맞추어왔다. 그 과정에서 명료한 것들이 나타나며 사물들은 점점 단

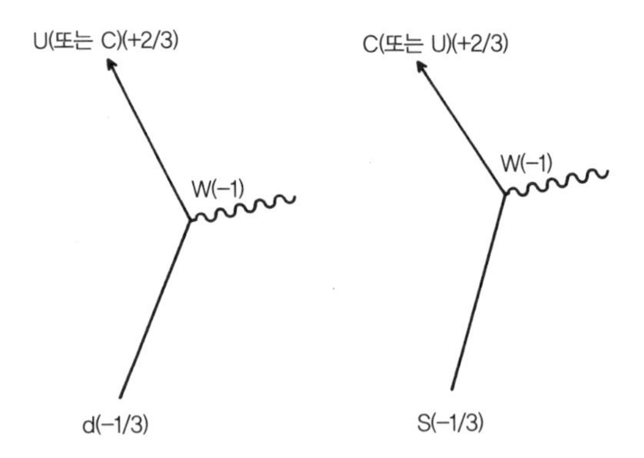

그림 93. d쿼크는 W입자를 방출하면서 u쿼크 대신에 c쿼크로 변화할 작은 확률진폭을 갖고 있으며, s쿼크는 W입자를 방출하면서 c쿼크 대신에 u쿼크로 변화할 작은 확률진폭을 갖고 있다. 이와 같이 W입자는 쿼크의 향을 (그림 92에 보이는) 입자 목록표의 한 행에서 다른 행으로 바꿀 수 있다.

순해진다. 내가 여러분에게 보여주었던 혼잡함은 10년 전에 직면했던 상황(400개 이상의 입자에 관하여 설명해야만 했던 상황)보다는 훨씬 단순하다. 20세기 초엽에 직면했던 혼란스러움에 대하여 생각해보라. 열, 자기, 전기, 빛, X선, 자외선, 굴절률 ***indices of refraction***, 반사계수, 그리고 여러 물질의 다양한 특성 등, 이 모든 것들은 현재 양자전기역학이라는 하나의 이론으로 통합되었다.

여기 주목해야 할 문제가 있다. 강한 상호작용이나 약한 상호작용이론 등은 양자전기역학이론과 대단히 유사하다는 점이다. 그 모든 이론은 확률진폭 체계(사건이 발생할 확률은 화살표 길이의 제곱)에 기초하여 스핀1/2 입자(전자와 쿼크들)와 스핀1 입자(광자, 글루온, W입자들)의 상호작용을 다루고 있다. 왜 이처럼 물리이론의 구조가 서로 비슷한 것인가?

거기에는 여러 가능성이 있다. 첫째로 이유로는 물리학자의 빈약한 상상력을 들 수 있다. 새로운 현상을 처음 보았을 때 우리는 기존의 체계 속에 그것을 짜 맞추려고 한다. 충분한 횟수의 실험을 하고 나서야 비로소 낡은 체계로 그 현상을 이해할 수 없음을 깨닫는 것이다. 어느 멍청한 물리학자(파인만)가 1983년에 UCLA에서 강연을 하면서 '이것은 …입니다. 이 이론들은 너무 똑같아요. 이 얼마나 놀라운 일입니까' 라고 떠들었지만, 그것은 자연의 유사성이라기보다는, 물리학자들이 과거부터 끊임없이 동일한 것만을 지겹도록 보아왔기 때문일지도 모른다.

두 번째 가능성은, 자연은 그 자체가 동일한 것을 지긋지긋하게 반복하고 또 반복한다는 사실이다. 자연은 오로지 한 가지의 작동 방식만 알고 있으며, 과거부터 지금까지 그 이야기를 계속 반복하고 있을지도 모른다.

세 번째 가능성은, 사물이란 원래 동일한 존재의 여러 측면이기 때문에 유사하게 보인다는 점이다. 마치 손가락이 서로 다르지만 하나의 손에 속해 있듯이, 다양하게 존재하는 사물들 역시 배후에 있는 거대한 그림의 일부분에 불과할지도 모른다. 많은 물리학자들은 지금도 모든 사물을 하나의 거대한 모델로 통일시켜 그 큰 그림을 완성하는 작업을 열심히 하고 있다. 이것은 매우 유쾌한 작업이지만 현재까지 이 '큰 그림' 은 완성되지 못했다. 약간 과장하여 말한다면, 이 그림은 아직 탁상공론적 수준에 머물러 있으며, t쿼크의 질량을 정확하게 예측하지 못하고 있다는 점만은 내가 단언할 수 있다.

예를 들어 전자와 뉴트리노, d쿼크와 u쿼크는 서로 결합하면서, 동시에 이들은 W입자와 결합할 수도 있다. 현재까지 쿼크는 색과 향만이 변한다고 알려져 있다. 그러나 쿼크가 아직 발견되지 않은 미지의 입자와 결합하면서 뉴트리노로 붕괴할 가능성도 존재한다. 이것은 멋진 생각이다. 이 경우 무슨 일이 일어날까? 이것이 만약 사실이라면 양성자는 불안정하게 된다.

누군가가 양성자는 불안정하다는 이론을 만들었다. 그들은 계산을 끝내고 이 우주에는 더 이상 양성자가 존재하지 않는다는 어처구니없는 결론에 도달했다. 그래서 그들은 그 미지의 입자의 질량을 크게 조정하여 방대한 계산을 다시 한 후에, 가장 최근의 측정치보다 약간 느린 속도로 양성자가 붕괴할 것이라고 주장했다.

하지만 새로운 실험 장치를 통하여 양성자를 보다 상세하게 관찰하면서, 그 실험 결과에 따라 이론을 재조정해야 할 필요가 생겼다. 가장 최근에 행해진 실험은 양성자가 그 이론의 최종 예견치보다 5배 이상이나 천천히 붕괴한다는 사실을 보여주었다. 여러분은 어떤 생각이 드는가? 이 이론은 불사조처럼 자신을 수정하며 다시 날개를 폈다. 그 이론을 검증하기 위해서는 보다 정밀한 실험이 필요하다. 현재까지 양성자가 붕괴하는지 아니하는지는 밝혀지지 않았다. 어쩌면 양성자는 붕괴하지 않을지도 모른다.

이번 강연 내내 중력은 논하지 않았다. 그 이유는 물체 사이의 중력이 너무 작기 때문이다. 두 전자 사이의 전기력과 중력을 비교할 때 중력은 전기력의 $1/10^{40}$ 정도로 작다. 실제로 전자를 원자핵에 속박하는 힘은 거의 대부분 전기력이며, 그 결과 최종적으로 +와 −가 상쇄된 혼합물인 원자가 생긴다. 그러나 중력은 오직 인력만이 존재하며, 원자와 원자가 뭉쳐서 큰 질량이 되었을 때(인간, 행성 등)에야 비로소 중력 효과를 측정할 수 있다.

중력이 다른 상호작용에 비하여 매우 약하기 때문에, 미묘한 양자중력이론의 효과를 검출할 수 있는 실험 장치를 만든다는 것은 현재로서는 불가능하다.*

비록 이 이론을 검증할 방법이 없다 해도, 중력자 ***graviton*** (스핀2라 불리는 새로운 편광 범주에 속하는 입자)와 다른 기본 입자(스핀3/2을 가짐)를 포함하는 양자중력이론들 ***quantum theories of gravitation***은 만들어낼 수 있다. 그러나 이 이론 중 최상의 이론조차 우리가 이미 알고 있는 입자를 물리적으로 설명하지 못하였으며, 오히려 엉뚱한 입자들만 다량으로 만들어내고 말았다. 이 중력의 양자이론 역시 결합이 있는 항들이 무한대로 발산한다. 그런데 양자전기역학에서 무한대를 극복하는 데 성공했던 '멍청한 재규격화 방법'도 중력이론에서는 성공하지 못했다. 따라서 양자중력이론을 검증할 실험도 존재하지 않으며, 합리적인 이론 역시 존재하지 않는 딱한 상황인 것이다.

* *아인슈타인과 그의 추종자들이 통합하려 했던 중력과 전기역학이론은 둘 다 고전적 근사이론이다. 다시 말해서, 그 두 이론에서 무언가 빠져 있다. 즉 우리가 지금까지 말해온 확률진폭 체계가 빠져 있다.*

지금까지의 이야기 중에 특별히 불만스러운 점이 하나 있다. 그것은 입자의 관측된 질량 m이다. 이 질량값을 적절히 설명하는 이론은 아직도 존재하지 않는다. 우리는 이 숫자를 모든 이론 속에 사용하고는 있지만 그것을 이해하지는 못하고 있는 실정이다. 그 숫자는 무엇이며, 어디에 근원을 두고 있을까? 근본적으로 이것은 대단히 흥미롭고 중요한 문제이다.

새로운 입자에 관한 이러한 추론들이 만약 여러분을 복잡하게 만들었다면 정중하게 사과를 드린다. 그리고 이것으로 QED를 모방하여 물리학을 통일하려는 거대한 이야기를 끝마치기로 한다. 여러분은 그 통일 이론의 특성(확률진폭 체계, 상호작용을 표시하는 도식, 등…)이 가장 완벽한 이론의 전형인 양자전기역학이론의 특성과 비슷하게 보이는 이유를 어느 정도 이해했을 것이다.

1984년 11월에 첨가된 교정

이 강연이 끝나고 나서 전혀 예기치 않은 새로운 입자(이 강연에서는 언급하지 않은)의 발견을 암시해주는 의심스러운 사건이 실험적으로 관측되었다.

1985년 4월에 첨가된 교정

최근 위에서 언급한 의심스러운 사건은 결국 별 일 아니었음이 밝혀졌다. 그러나 상황은 여러분이 이 책을 읽을 때쯤에는 의심할 여지없이 또 변해 있을 것이다. 책 출판업보다는 물리학이 더 빨리 변하고 있기 때문이다.

INDEX

ㄹ

ㅁ

ㅂ

ㅅ

ㅇ

ㅈ

리차드 필립 파인만 *Richard P. Feynman*(1918~1988)

미국 뉴욕에서 태어나 MIT 및 프린스턴대학 물리학과를 졸업하고 1945년 코넬대학 조교수를 거쳐 1981년부터 캘리포니아 공과대학과의 교수직을 역임하였다. 2차 대전 중 원자폭탄을 연구하는 맨하탄 계획에 참여하였으며, 1965년 양자전기역학의 재규격화 이론을 완성하여 J. S. 슈윙거, 도모나가 신이치로와 함께 노벨 물리학상을 받았다.

그는 빛과 전자의 상호작용을 도식화하는 〈파인만 다이아그램〉을 창안하여 지금도 이론물리학계에서 널리 쓰이고 있으며, 그의 일반 물리학 강의 노트(1964)는 교과서로 출판되어 지금도 전세계의 물리학도들에게 필독서로 읽혀지고 있다. 국내에 소개된 그의 책으로는 〈발견하는 즐거움〉, 〈미스터 파인만〉 등이 있다.

박병철

1960년 서울에서 태어나 연세대학교 물리학과를 졸업하고 한국과학기술원(KAIST)에서 박사학위를 취득하였다. 현재는 몇 개 대학에서 물리학을 강의하면서 번역가로 활발히 활동하고 있다. 옮긴 책으로는 〈페르마의 마지막 정리〉, 〈현대물리학과 신비주의〉, 〈확률의 함정〉 등이 있다.